高等教育智慧农业课改系列教材

智慧水产

尹　武　编著

西安电子科技大学出版社

内 容 简 介

本书从理论、技术、应用三个方面对智慧水产进行了详细阐述，以智慧水产的概念和特征、系统架构、关键技术、管理模式、相关政策、国内外发展情况、设备的可靠性等内容构建基础理论框架，着重从信息感知、信息传输、信息处理和应用三个方面阐述智慧水产的技术原理及作用，重点从水产养殖智能化管控应用、智慧水产与环境保护、水产品质量安全溯源、智慧海洋牧场与休闲渔业、智慧渔业保险等领域进行应用介绍。书中的很多研究成果已在广东、江苏、广西等多个省市进行了产业化示范应用，可以为智慧水产研究和产业化及新型商业模式的发展提供一定的参考和指导。

本书适合作为高等教育和职业教育智慧水产、水产养殖、物联网、农业信息化等相关专业的教材，也可作为相关从业人员的技术参考书。

图书在版编目(CIP)数据

智慧水产 / 尹武编著. --西安：西安电子科技大学出版社，2023.11
ISBN 978-7-5606-7084-3

Ⅰ.①智… Ⅱ.①尹… Ⅲ.①智能技术—应用—水产养殖业—中国 Ⅳ.①S9-39

中国国家版本馆 CIP 数据核字(2023)第 200397 号

策　　划　毛红兵　刘小莉
责任编辑　刘小莉
出版发行　西安电子科技大学出版社(西安市太白南路 2 号)
电　　话　(029) 88202421　88201467　　邮　　编　710071
网　　址　www.xduph.com　　电子邮箱　xdupfxb001@163.com
经　　销　新华书店
印刷单位　陕西天意印务有限责任公司
版　　次　2023 年 11 月第 1 版　2023 年 11 月第 1 次印刷
开　　本　787 毫米×1092 毫米　1/16　印张 9.5
字　　数　219 千字
印　　数　1～2000 册
定　　价　30.00 元
ISBN　978-7-5606-7084-3 / S
XDUP 7386001-1

前　言

党的二十大报告提出加快建设农业强国的战略目标，“十四五”规划提出加快发展智慧农业，推进农业生产经营和管理服务数字化改造，2023 年中央一号文件要求强化农业科技和装备支撑。数字农业是一个跨学科、跨领域的综合体系，涉及电子、自动化、计算机、通信、云计算和人工智能等技术，且产业化的要求较高。国内数字农业正处于起步阶段，缺乏相关信息化技术的积累和相应的人才培养机制，目前数字农业教育也存在缺少教材、师资以及缺乏可供学习和借鉴的案例等问题，这严重阻碍了国家现代农业信息化的建设。因此，数字农业教育迫切需要结合产学研且经过实践验证的教材。

本书基于丰富的农业物联网理论、实践经验以及多个与产业界技术同步的实际项目案例，结合当下智慧水产发展的突出问题和真实形势，从理论知识、关联技术和产业化应用三个层面对智慧水产进行了详细阐述，其中包含了作者团队多年来的研究成果和实践经验以及国内外一些先进技术经验和创新实践。书中着重介绍了养殖数据采集与处理、养殖管理与决策、养殖物联网平台建设等方面的关键技术和应用实践，展示了智慧水产应用的关键环节，这些内容已经经过了产业化应用的验证，示范性强，能够为智慧水产研究和产业化及新型商业模式的发展提供一定的参考和指导。此外，本书还对智慧水产的市场前景、政策环境和未来发展趋势进行了深入分析和展望，对读者了解智慧水产的全貌，掌握智慧水产养殖的相关技术、应用实践和发展趋势具有一定的参考价值。

物联网技术发展和水产养殖现代化转型的要求使智慧水产建设成为必然，本书的编写和出版是推进智慧水产产业化应用教材体系建设的一次有益尝试，能够为开展更为系统化、规范化、科学化的教学实践提供帮助，促进理论学习与产业实践相结合，为学生进入智慧水产及其相关行业奠定初步基础，进而给现代水产业发展提供强有力的技术和人才支撑，推动水产养殖业高质量、高效益、可持续发展。

在成书过程中，编者获得了很多专家及领导的支持和鼓励，包括中国水产养殖网主编蔡俊、江苏省现代农业综合开发示范区管委会副主任柳林景、江苏好润生物产业集团股份有限公司董事长刘爱民、广西钦州市农业农村局局长韦戴卓等，在此对他们表示感谢。同时，感谢编者的助理陈璐积极协助资料整理及撰写工作。此外，还非常感谢西安电子科技大学出版社副总编辑毛红兵给予的极大支持并提供了出版方面的宝贵建议。另外，本书的编写也借鉴和参考了业界的最新研究成果和相关技术资料，在此对其作者一并表示感谢。

本书适合作为高等教育和职业教育智慧水产、水产养殖、物联网、农业信息化等相关专业的教材，也可作为相关从业人员的技术参考书。

智慧水产涵盖的知识范围极为广泛，是一个跨学科、跨领域的综合体系，各种技术仍处在快速发展和演进阶段，加之编者的经验和水平有限，故书中难免存在不足之处，恳请广大读者批评指正。

编著者

2023年8月15日

目　录

第 1 章　智慧水产概述

1.1　智慧水产的概念和特征

智慧水产是指运用物联网(Internet of Things，IoT)、大数据、云计算、人工智能(Artifical Inteligent，AI)、移动互联网等现代信息技术对水产养殖业进行优化升级，涉及养殖管理、产品加工、物流配送、能源监控及碳排放、产品销售、质量溯源等环节，以达到提高生产效率、降低养殖风险、防止资源浪费、重构产业结构等目的。智慧水产以集约化、规模化为基础，将养殖技术、装备技术与信息技术相结合，通过广泛采集、深度挖掘、充分利用水产养殖业的信息资源，替代传统粗放的生产管理模式，全面提升水产养殖生产管理能力。智慧水产原理如图 1-1 所示，监测终端、控制终端、网络终端连接云服务平台，云服务平台实时存储、处理、分析数据并发布指令，进而实现养殖标准化生产管理、追溯管理、现场实时展示等应用。

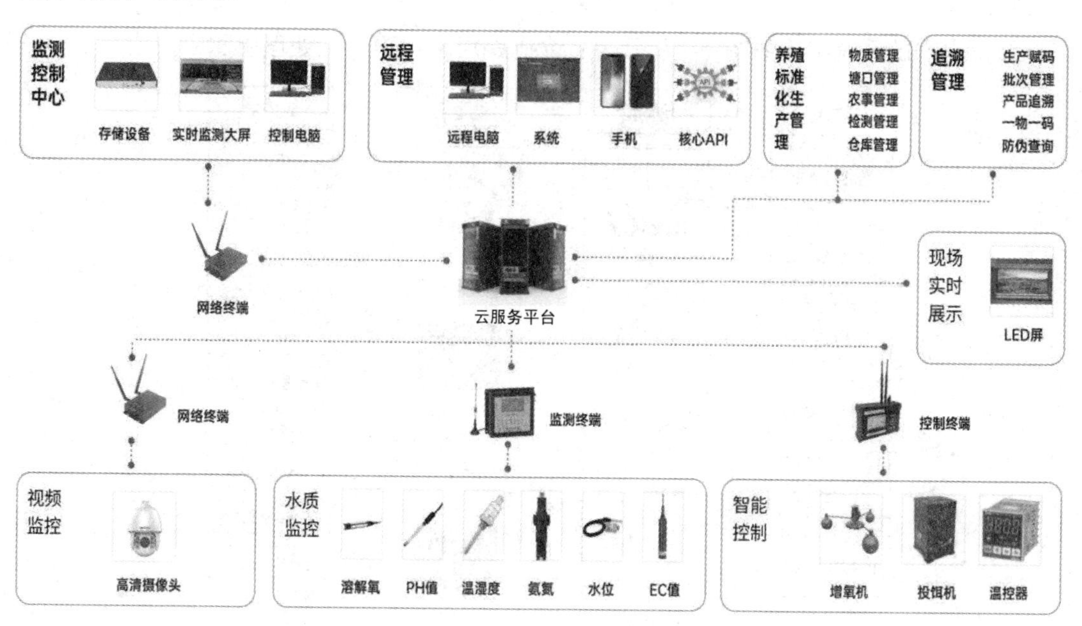

图 1-1　智慧水产原理

智慧水产的主要特征如下：

1. 养殖终端设备实时在线化

智慧水产以物联网、人工智能及大数据作为前端技术，搭建水产养殖物联网，使得水产养殖各类信息能够被实时、低成本、大范围感知及测量，并进行可靠传输和精确处理，进而实现水产养殖的数字化和智能化。各类传感器、养殖智能终端设备、通信系统、控制系统等共同组成了完善的智慧网络系统，以实现对养殖环境、水产生物、养殖设备、现场作业、水产品质量等的实时监测和在线管理，使得养殖设备、水产品、养殖户和消费者之间实现了互联互通。

2. 信息技术集成化

新一代信息技术(如物联网、大数据、云计算、人工智能等)是发展智慧水产的关键，多种跨领域、跨学科的综合技术应用实现了真正意义上的互联互通和智慧化管控，水产养殖产业链上的各类信息资源得以有机协同和多方共享，使得整个智慧水产系统运行变得更加智能和高效。

3. 业务应用全程化

智慧水产不是水产养殖某一环节的智慧化，而是覆盖水产养殖产业链上的生产、经营、管理、服务等各个环节，通过综合应用信息技术实现种苗管理、环境调控、智能投喂、疾病防治、产品加工、产品销售、物流配送、质量溯源等功能，形成高度融合的水产养殖模式，全面提高水产养殖质量和效率。

1.2　智慧水产的系统架构

智慧水产的系统架构如图 1-2 所示，包含感知层、传输层、处理层和应用层。

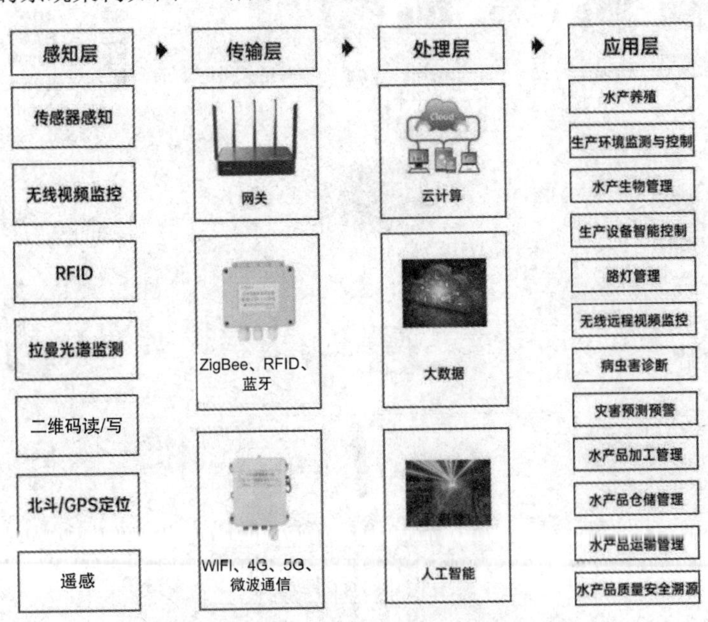

图 1-2　智慧水产的系统框架

1. 感知层

传感器感知、无线视频监控、射频识别(Radio Frequency Identification，RFID)、拉曼光谱(Raman Spectroscopy，RS)监测、二维码读/写、北斗/GPS 定位、遥感(Remote Sensing，RS)等是智慧水产感知层的关键应用技术，负责采集与水产资源、水环境、水产生物、水产品有关的实时数据。这些数据作为水产养殖管理智能化的基础，是实现智慧水产应用的前提。

2. 传输层

传输层是利用网络基础设施来实现感知层和处理层之间的信息传递的，ZigBee、RFID、蓝牙等主要用于窄带数据信息传输；WiFi、4G、5G、微波通信等主要用于宽带数据通信传输；网关则通过协议转换解决非同类设备之间的数据传输问题。

3. 处理层

处理层负责对来自感知层的数据进行存储、处理和分析，是实现水产自动化控制的技术基础，涉及云计算、大数据、人工智能等技术，这些技术能对海量数据进行智能处理，从而满足应用层对各种应用的需求。

4. 应用层

应用层是直接面向终端用户的，它通过人机交互界面以多样化形式展示数据、声音、视频、图像等信息，通过搭建的具体的应用服务系统来实现信息技术与水产业的深度融合，为水产业生产发展提供水产养殖、生产环境监测与控制、水产生物管理、病虫害诊断、灾害预测预警、水产品质量安全溯源等应用。

1.3　智慧水产的关键技术

信息化技术是发展智慧水产的核心，物联网、大数据、人工智能等是发展智慧水产的必要条件，只有这些技术相辅相成，才能共同维系智慧水产体系的正常运行。

1. 水产养殖物联网

水产养殖物联网是指将物联网应用于具体的水产养殖管理过程，这也是获取水产养殖大数据的必要前提。水产养殖物联网通过在生产现场布设传感器、摄像头、RFID 等感知设备采集实际的生产管理信息，并通过 NB-IoT、WiFi、LoRa、4G、5G 等进行数据传输，应用云计算、数据挖掘、视觉图像信息处理等技术进行数据处理分析，最终形成多样化的服务系统，以满足智慧水产应用需求。

2. 水产养殖大数据

水产养殖大数据是将云计算、大数据技术应用于水产养殖管理的具体环节，在物联网采集的海量数据基础上，利用大数据技术对这些来源丰富、结构多样的数据进一步处理、分析、挖掘、加工，得到可用于构建水产养殖环境分析、水产生物生长分析等智能化模型以及智能决策支持系统的有效数据，进而将这些数据应用于水产品品种优化、水产养殖决策、水产生物生长管理、水产品质量溯源等领域，实现智能预警、决策和控制。

3. 水产养殖人工智能

水产养殖人工智能的应用使水产养殖物联网不再局限于传感器接入、网络传输等方面，它通过赋予物联网人工智能机器的特性，使智慧水产实现自动识别、处理、反馈、控制等智能化应用。在水产养殖领域，专家系统、图像识别和神经网络等人工智能技术与物联网感知、传输技术相结合，应用于养殖设施智能化、水产生物疾病诊断、水产品销售分析等方面，对推动传统水产养殖业转型升级意义重大。

智慧水产技术是智慧水产发展的基础保障，通过应用关键技术推动水产业的网络化、数字化，集成控制水产产业链上的各个环节，对于解放劳动力、降低生产经营成本、提高水产品质量、提高资源利用效率有显著效果。我国正处于推动智慧水产技术发展应用的重要阶段，随着传感器、无线通信、信息处理、系统开发等技术的不断革新，智慧水产技术在水产行业生产管理中的应用也将变得更加广泛和完善，将进行更为高效的智慧水产实践。

1.4 智慧水产养殖的管理模式

根据智慧水产所覆盖业务类型的不同，智慧水产养殖管理模式可以划分为三种类型。第一种是水产养殖生产环节的智慧化，这个过程通过各类智能感知设备和先进的传输技术，采集与养殖环境、养殖设备、水产生物等有关的数据，将这些数据传输并展示给养殖人员，养殖人员运用实时数据指导养殖环节的具体操作，实现以更少的成本投入获取更多的收益。第二种是水产养殖管理领域的智慧化，即通过搭建统一的水产养殖信息化管理平台，实现不同主体间的数据共享，养殖户借助系统平台开展养殖管理，养殖管理部门则可以掌握水产养殖行业动态，提高监管效率。第三种是水产养殖服务领域的智慧化，即将水产养殖与电子商务等相结合，对水产品资源管理、销售、物流配送等进行在线化、一体化管理，推进水产养殖业供应链整合。

智慧水产以智能化手段打造智慧型的水产养殖管理模式，通过智能信息系统将在线监测、养殖规划、数据服务、设备控制等紧密结合起来，从而推动水产养殖管理模式的变革。具体来说，相对完善的智慧水产养殖管理模式应包含以下几个相辅相成的部分。

(1) 完善的硬件、软件设施。硬件设备包括感知设备(如传感器、摄像头、RFID 等)、物联网网关、数据传输模块、自动控制器、数据中心等，主要完成数据采集和传输以及设备控制；软件部分包括操作系统、数据处理软件、系统管理平台、用户端软件等，主要完成数据分析、处理、展示和应用。硬件和软件相互配合，共同实现全天候的智慧水产养殖管理。

(2) 数据自动采集与传输。感知设备实时采集的数据经数据传输模块上传到数据中心，并在系统管理平台和用户端软件上显示，供用户实时查看。数据中心对数据进行分析处理，总结水产养殖规律，建立水产养殖数据模型，得出适合所监测水产生物生长的最合适的指标，并设定参数阈值，从而通过精细化控制创造最适宜的水产生物生长环境；当出现超出阈值的异常情况时，及时向用户发送报警信息。

(3) 设备自动控制与作业。智慧水产的设备自动控制主要应用在饵料投喂和水质调控方面。设定智能投饵船的投饵轨迹、数量、时长等参数，可以让投饵船在无人操控的情况下自主完成投饵作业。水质自主调控通过将增氧机、水泵等设备与可编程控制器进行连接，当传感器采集的水质数据超出阈值范围时，系统可自动报警，同时通过无线控制模块和可编程控制器启动相关设备开始工作；当水质数据回到正常情况时，设备自动停止运行。这些操作也可以由用户通过系统平台、手机 APP 实现。

(4) 大数据指导养殖生产。大范围采集水产养殖领域各种类型的数据并进行处理、加工，将其中有实际价值的数据用于指导水产养殖生产决策，可开展基于大数据的水产养殖环境调控、养殖设备自动控制、灾害/疾病监测预警、疾病远程诊断、养殖密度/产量预测、养殖生产效益分析等智能化、数字化服务。

(5) 水产品质量安全溯源。完善的追溯体系可实现对水产养殖、加工、流通、运输、检验、销售等环节的实时高效监管，形成较为统一、完善的水产品质量安全标准，从而对水产养殖生产产业链进行全方位的质量管理，提升养殖生产效益和水产品品牌效益。

(6) 水产品电子商务流通渠道。水产品销售电子商务平台可促进养殖生产主体和消费者通过电商平台对接，提高水产品流通效率，同时确保市场供求信息准确、畅通，养殖户则可根据市场需求及其变化规律开展养殖生产，维系水产品市场的供需平衡。

(7) 水产养殖产业生态系统。在水产生物养殖完成后，即进入水产品加工环节，可通过加工制造提升水产品的附加值。另外，还可将水产养殖业与生态旅游业相结合，让消费者参与水产养殖过程，例如，开展水产生物认养项目以及水产品垂钓、捕捞等活动，推出水产元素文创产品，延长水产养殖产业链，推动该领域的三产融合，提升行业价值。

(8) 水产业金融。数字化监控和数据管理体系，可使金融机构实时获取与水产养殖和水产品加工、运输、检验、销售等相关的具体信息，从而解决水产金融投资监管难、查证难、风险难以把控等问题，为水产行业企业融资和投保提供支持，进而推动规模养殖的发展。

1.5　智慧水产的相关政策

我国是水产养殖大国，加快水产养殖经济建设，探索农业发展背景下的智慧水产养殖管理模式，是推动我国水产养殖业转型升级的重要动力。因此，国家有关部门先后发布了《农业部办公厅关于加快推进渔业信息化建设的意见》《关于加快推进水产养殖业绿色发展的若干意见》《“十四五”全国渔业发展规划》《农业现代化示范区数字化建设指南》等政策文件，为智慧水产发展提供政策保障。

2016 年 12 月 28 日，《农业部办公厅关于加快推进渔业信息化建设的意见》提出要“着力做好推进渔业信息化的重点工作”，要求着力创新智慧渔业模式，努力推动渔业大数据发展，以实现渔业生产数字化、网络化和智能化为目标，推进实施“互联网+现代渔业”行动。在水产养殖重点区域推广应用水体环境实时监控、自动增氧、饵料自动精准投喂、水产养殖病害监测预警、循环水装备控制、网箱升降控制、无人机巡航等信息技术和装备，全面提升陆基工厂、网箱和工程化池塘养殖的信息化水平，在国家现代农业示范区开展水产养殖数字渔业示范。加强养殖过程控制管理，推动水产品质量安全主体责任落实，指导各地建设水产品质量安全可追溯体系。创建和推广一批智慧渔业模式，引领渔业产业优化升级和持续、高效发展。

2019 年 2 月 15 日，国务院 10 部门(农业农村部、生态环境部、自然资源部、国家发改委、科技部等)发文《关于加快推进水产养殖业绿色发展的若干意见》，指出要推进智慧水产养殖，引导物联网、大数据、人工智能等现代信息技术与水产养殖生产深度融合，开展数字渔业示范。这是新中国成立以来第一个经国务院同意、专门针对水产养殖业的指导性文件，对水产养殖业转型升级具有重大意义。

2020 年 1 月 20 日，农业农村部、中央网络安全和信息化委员会办公室印发《数字农业农村发展规划(2019—2025 年)》，首次提出数字化渔场建设，要求推进智慧水产养殖，构建基于物联网的水产养殖生产和管理系统，推进水体环境实时监控、饵料精准投喂、病害监测预警、循环水装备控制、网箱自动升降控制、无人机巡航等数字技术装备普及应用，发展数字渔场。以国家级海洋牧场示范区为重点，推进海洋牧场可视化、智能化、信息化系统建设。大力推进北斗导航技术、天通通信卫星在海洋捕捞中的应用，加快数字化通信基站建设，升级改造渔船卫星通信、定位导航、防碰撞等船用终端和数字化捕捞装备。加强远洋渔业数字技术基础研究，提升远洋渔业资源开发利用的信息采集分析能力，推进远洋渔船视频监控的应用。发展渔业船联网，推进渔船智能化航行、作业与控制，建设涵盖渔政执法、渔船进出港报告、电子捕捞日志、渔获物可追溯、渔船动态监控、渔港视频监控的渔港综合管理系统。

2020 年 11 月 4 日，农业农村部发文《农业农村部关于加快水产养殖机械化发展的意见》，指出要大力推进水产养殖机械装备科技创新，加快构建主要水产绿色养殖全程机械化体系，积极推进水产养殖机械化信息化融合。

2022 年 1 月 6 日，《“十四五”全国渔业发展规划》正式发布，其中制定了渔业发展的科技创新目标，指出要强化渔业科技，加快工厂化、网箱、池塘、稻渔等养殖模式的数字化改造，推进水质在线监测、智能增氧、精准饲喂、病害防控、循环水智能处理、水产品分级分拣等技术应用，开展深远海养殖平台、无人渔场等先进养殖系统试验示范。推广渔船卫星通信、定位导航、鱼群探测、防碰撞等船用终端和数字化捕捞装备。推进渔业渔政管理数字化技术应用，建设渔业渔政管理信息和公共服务平台，提升渔业执法数字化水平，重点推进长江禁渔信息化能力建设。加强渔业统计基层基础，及时收集发布产能、供给、需求、价格、贸易等信息，强化生产和市场监测预警，分析研判形式，合理引导预期。

2022 年 9 月 5 日，农业农村部办公厅印发《农业现代化示范区数字化建设指南》，其中提出丰富拓展大数据应用场景的要求，力争用 3 到 5 年建成一批智慧农业先行样板，农业生产智能化水平明显提高，示范区农牧渔、种养加各行业与数字技术加快融合，农业生产信息化率普遍高于全国平均水平。

第 2 章　智慧水产的发展

2.1　智慧水产在国外的发展

2.1.1　国外智慧水产的应用

国际上水产养殖业发达的国家已较早将信息技术应用于水产养殖领域，传感器、电子和自动化技术、信息化处理技术等的应用使得当地水产养殖业发展迅速，而水产养殖综合应用系统的建立，则使水产养殖效益显著提升。美国、日本、挪威等国在 20 世纪 50 年代已将水产养殖智能化研究成果应用于实际水产养殖管理过程，进一步提升水产养殖的规模化、集约化水平，达到提质降本增效的目的。国外的智慧水产应用覆盖了水产养殖的生产及管理过程，水产养殖模式也在技术改造的过程中得到了进一步优化，主要表现在以下几方面。

(1) 在养殖生产方面，养殖水质监测是智慧水产最基础的应用之一，使用在线监测设备对养殖池水中的氨氮、溶解氧等参数进行实时远程监测，并通过无线电通信等方式进行数据传输，这一智能化水质监测方式在英国等国家得到了广泛应用且效益明显。也有一些国家研究将时域和频域分析方法综合应用在水质自动监测数据的时间序列分析中，归纳水质数据的动态变化特征，总结水产养殖过程中水质变化的规律性行为，进而搭建与养殖规模相适应的自动化水质监测和调控系统。澳大利亚等国研发视频监控系统监控水产生物，开发程序驱动监控设备自动识别和观测水产生物的生长状态和活动情况并作出评估，辅助管理人员科学制定和调整养殖生产管理方案。德国等一些国家则在大规模的水产养殖过程中应用了集实时监测、疾病诊断、灾害预警、远程控制等功能于一体的监测服务平台。

(2) 在养殖管理方面，美国将养殖理论、养殖设施、卫生标准体系、健康管理办法、疫病防疫体系等纳入淡水鱼养殖管理系统，从多方面保障鱼类养殖稳健发展。挪威、丹麦研究并开发了可迁移性较强的智慧水产系统，能够根据水产养殖环境、养殖种类、饲料摄入需求等具体情况开展智能化应用，该系统在当地的大型养殖场应用中取得了良好的成效，饲喂、捕捞、洗网、加工等环节已实现全智能化，只需要配备 1～2 位人员即可完成全部养殖管理工作。美国研究并使用包含传感器和摄像头的电子监测系统来记录和监控水产捕捞活动，该系统可以有效识别水产品种类，采集与所捕获水产品相关的数据、视频等信息，它比人工观察更为高效，且不会占用过多渔船空间，能为生产管理提供科学准确的数据。

(3) 在养殖模式方面，工厂化养殖技术和理论研究有了突出成果，对循环养殖系统的研究和应用取得了重要进展，工厂化循环水养殖进入快速发展阶段，并成为主流养殖模式，与水体消毒、水质净化、悬浮物去除、增氧和控温相关的现代化设施设备性能得到了明显提高，工厂化循环水养殖企业和水处理设备生产企业数量明显增加，循环水养殖系统融合微生物、计算机、自动化等技术，实现了环保高效的养殖应用，无人化养殖车间、精准化养殖生产应用也得到了较大发展。工厂化循环水养殖一度成为美国政府倡导的热门投资项目之一；丹麦的工厂化循环水养殖应用居欧洲领先水平，其大型水产养殖公司将循环水养殖系统作为重点研发项目，凭借在循环水养殖领域的深厚经验将其业务拓展至全球数十个国家；日本的工厂化循环水养殖技术较为成熟，该应用为其国内的水产品产量和质量提供了有效保障，鱼、虾、贝等各类型鲜活水产品的年产量可达到20万吨以上，且产品畅销。日本、孟加拉国、越南等国家还大力发展“稻渔综合种养”模式，在稻田里养殖鱼、虾和蟹，这是一种环境友好型养殖模式，既能给当地带来经济效益，也产生了显著的社会和生态效益，发展前景广阔。德国和美国的水产养殖大力引入“鱼菜共生”模式，养殖产出较高。巴西、挪威还将海水网箱养殖与智能投喂、远程疾病诊疗、养殖容量预估等技术相结合，科学开展养殖规划和管理。

2.1.2 国外智慧水产相关企业及应用案例

国际设备供应商 Teledyne Marine 将成像、仪器、互联、车辆等技术结合在一起，开发了无人水下解决方案，为海洋渔业发展提供了整体解决方案，已拥有领先技术和市场地位。Teledyne Marine 全系列监控产品包含多波束、浅剖、二维/三维成像声呐、ROV、无人船、水下高清摄像机、Caris 软件等。Teledyne Marine 针对浅水及海水环境开发的无人驾驶海上交通工具，包括远程操作车辆(ROV)、自主无人驾驶车辆(AUV)和无人水面车辆(USV)，已应用于海洋学、国防安全、石油勘探等领域。

Gavia AUV(见图 2-1)是一种自主水下航行器，由“即插即用”AUV 模块组成，可以在现场组装和配置。Gavia AUV 的基础底座系统的直径为 20 cm，该系统包含机头模块、电池模块和控制模块，在使用时根据实际需要可以在底座系统上组装声呐、导航、附加电池等模块。标准的 Gavia AUV 配备了 GPS、铱星卫星通信和无线 LAN，用于数据传输；当完全位于水下时，Gavia AUV 通过声学调制解调器进行通信。侧扫声呐、SBP、相机、条带测深、ADCP/DVL、高级惯性导航和避障等模块以及 CTD、声速和光学反向散射传感器等环境传感器也可以添加到 Gavia AUV 中，用于自动管道跟踪和检查的 SeeByte AutoTracker 软件也可以集成到 Gavia AUV 中。模块化使 Gavia AUV 具有灵活、易于运输和维护、升级方便等特征，且与专用调查船、ROV 或大型拖曳体相比，使用 Gavia AUV 的成本效益更为明显。

图 2-1 Gavia AUV

Gavia AUV 软件系统根据船员的职责分工建立分布式组织架构，总体分为船舶安全航行管理模块和任务目标实现模块。船舶安全航行管理模块负责监督船舶运行并指挥处理异常情况；任务目标实现模块自主完成相应的任务，如船舶定位、避开障碍物、监督硬件(动力系统、电机等)运行、异常报警等。Gavia AUV 控制中心软件可在 Microsoft XP 操作系统上运行，以图表形式直观展现不同功能模块，通过控制中心可以精确控制各项任务参数，包括声呐范围、船舶间距、速度等，也可以控制程序运行或停止。传感器数据存储在 Gavia AUV 的硬盘驱动器或闪存中，通过控制中心可以下载这些数据。

海洋养殖环境更为复杂，对养殖网箱设计、水产品健康都会产生直接影响，Teledyne Marine 公司还开发了专门的技术和方案来监测海洋环境，评估养殖安全。Teledyne Marine 的声学多普勒流速剖面仪(ADCP)(见图 2-2)是适合河口、沿海和近海应用的精密剖面仪和波浪测量产品，适用于养殖管理全过程。例如，在确定养殖场位置时，可通过 ADCP 了解洋流和波浪情况，为养殖设施布置、污染物冲洗、饲喂计划制订等提供参考。

图 2-2　Teledyne Marine 部分 ADCP 产品

此外，在养殖过程中，可使用 Teledyne CT 传感器长期监测海水盐度、温度等环境数据，并通过 Teledyne 声学调制解调器将数据传输到地面以进行实时数据访问。Teledyne Marine 的遥控水下机器人配备了 2D 多波束成像声呐，可用于检查深水锚定点和网箱围网的安全状况以及评估水产生物的生长情况。

2.2　智慧水产在国内的发展

2.2.1　国内发展智慧水产的必要性

1. 我国水产养殖业发展的基本情况

水产养殖是世界上增长最快的食物生产形式之一，我国是全球水产品的主要生产国，水产品产量持续增长，如图 2-3 所示为 2012—2021 年国内水产品总产量情况。从产量结构来看，养殖水产品是我国水产品的主要组成部分，如图 2-4 所示，我国人工养殖水产品产量已明显超过天然生产水产品产量，且仍呈现出增长趋势。我国水产养殖业布局覆盖全国多地，淡水养殖和海水养殖自成体系，已发展出工厂化养殖、深水网箱养殖、生态养殖等多种水产养殖模式，据农业农村部发布的 2021 年全国渔业经济统计公报，2021 年全国水产养殖面积为 7009.38 千公顷，全国水产品总产量为 6690.29 万吨，比上年增长 2.16%。其中，养殖产量为 5394.41 万吨，同比增长 3.26%；捕捞产量为 1295.89 万吨，同比下降 2.18%；养殖产品与捕捞产品的产量比例为 80.6∶19.4；养殖产品与捕捞产品的产值比例为 81.7∶18.3。在养殖品种方面，实现规模养殖的水产品已有 50 余种，鱼类、甲壳类、贝类、藻类等水产品种类丰富，品质优良。

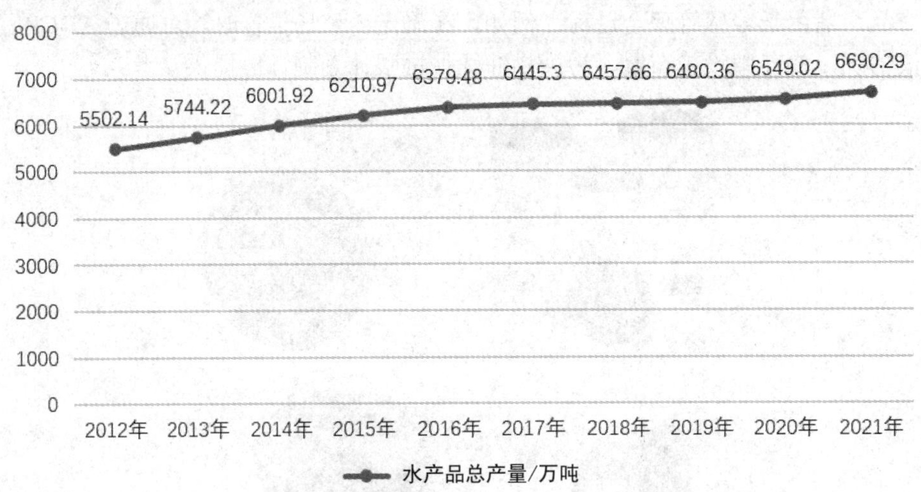

图 2-3　2012—2021 年国内水产品总产量情况

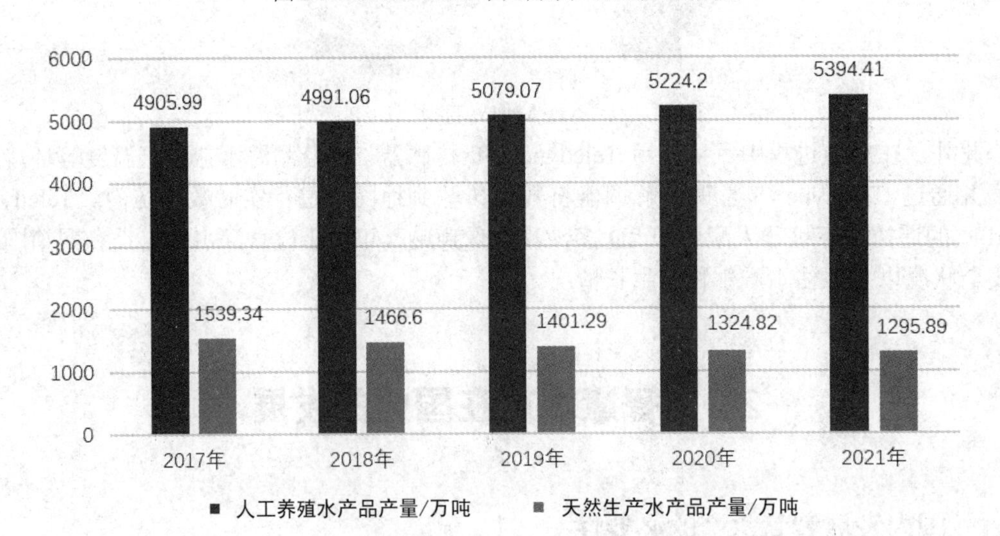

图 2-4　2017—2021 年国内人工养殖和天然生产水产品产量情况

水产品是人体所需蛋白质的重要来源，受城市化、消费升级等因素影响，我国水产品消费需求量增长趋势明显，如图 2-5 所示为 2014—2021 年国内居民人均水产品消费量情况，

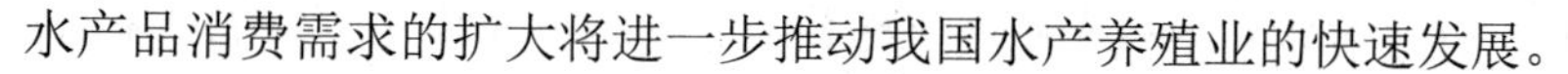
水产品消费需求的扩大将进一步推动我国水产养殖业的快速发展。

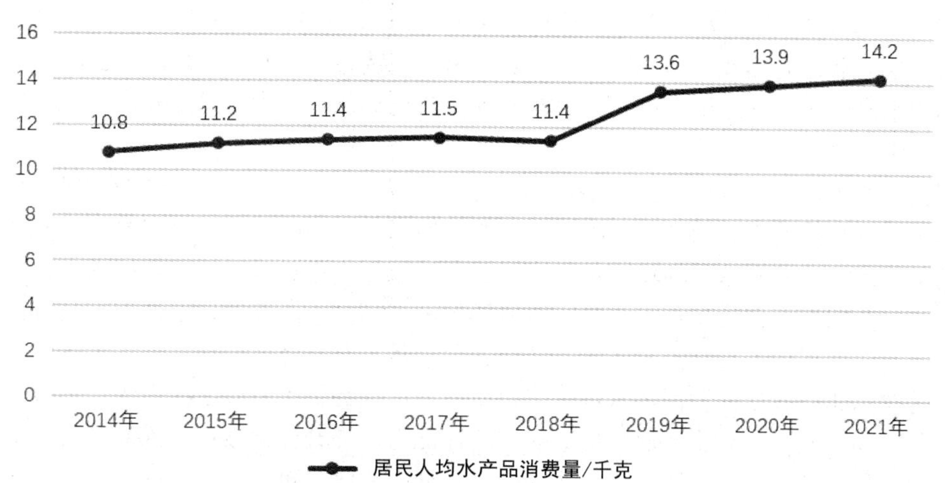

图 2-5　2014—2021 年国内居民人均水产品消费量情况

可见，我国水产养殖业已进入一个相对持续、稳定、健康的发展阶段，这种情况对于满足国内水产品需求、保障粮食安全、促进劳动就业、改善进出口贸易平衡等有着至关重要的作用，成为推动农业农村产业和经济发展的重要组成部分。

然而，目前我国水产养殖业与国外水产养殖业相比仍有较为明显的差距，也相对滞后于国内其他产业。我国发展水产养殖的主体分为散户、合作社/中小企业、大型企业三类，其中散户和合作社/中小企业数量较多，养殖规模小，且应用智能装备和信息化管理手段的极少，养殖生产方式传统粗放，固有弊端明显。

具体来说，我国水产养殖业存在的问题如下：

(1) 水产养殖业具有明显的劳动密集型特点，养殖基础设施简陋，智能化程度不高，生产效率低，向现代化转型的规模、经济等条件不足；

(2) 养殖水域环境受污染严重，污水未经处理直接排放、围湖造田等致使可利用养殖面积迅速减少，水产品产量下降；

(3) 水产生物粪便、饲料和药物残留等对养殖水体造成污染，严重的还导致水产生物病害泛滥、种质退化、大批死亡甚至灭绝，使养殖户遭受巨大损失；

(4) 缺乏完善的水产品质量安全标准体系，药物、添加剂残留检验技术方法滞后，未贯彻实施统一的检验标准和规范；

(5) 水产品质量参差不齐，进入国际市场遭遇“绿色壁垒”，产品出口受到一定程度的限制；

(6) 受工作环境差、劳动人口老龄化、劳动力成本上涨等因素影响，水产养殖业普遍面临就业吸引力不足、总体成本提高、生产经营亏损等问题。

因此，要实现水产养殖降本、提质、增效的目的，需要从根本上转变落后的养殖生产方式，向现代化转型。

2. 信息技术驱动水产养殖业转型升级

水产养殖的智能化、科学化发展已尤为迫切，将信息技术应用到水产养殖产业链的各个环节中，将对水产养殖业产生明显的驱动作用。水产养殖产业链包含生产、加工、流通、销售等环节，涉及水产饲料、养殖、捕捞、检测、物流、电商、商超、餐饮等诸多行业，各环节、各行业之间相互影响。智慧水产通过信息、装备、养殖等技术的有机结合，服务于具体的水产养殖管理应用，可实现水产养殖生产自动化、管理信息化和决策智能化，使规模化、集约化程度明显提高。

在实际的水产养殖过程中，以传感、监控技术实时监测养殖生产环境和水产生物状态，可以基于实时数据改善养殖环境，维护良好的养殖情况，同时加强对水产养殖资源和生态环境的保护。当监测到水质环境或水产生物状态异常时，通过人工智能等技术可以实现及时预警，并开始实施自动换水、增氧、喂料等措施来管控水产养殖，以便更加及时、准确地完成养殖管理工作，提升养殖效率，减少养殖事故。将高密度养殖、循环水处理、智能化控制等技术相结合，开发循环水健康养殖体系，可以在很大程度上提高水、地、饲料等资源的利用率，减少废弃物排放，提高病害防控能力，提升养殖效益，因此其应用前景广阔。在养殖尾水处理方面，通过建设物联网尾水处理系统，可以对尾水的产生、处理、排放等过程及有关设备信息进行实时监测，推进尾水处理智能化监管，减少养殖污染。

水产品产出后，通常做法是部分直接销售，部分通过冷冻、干腌等方式制成各类加工品。我国水产品加工产量占水产品总量的比重相对较低，水产加工行业仍有较大的市场空间，将信息技术、生物技术综合应用于水产品智能加工方面，可以丰富加工水产品种类，延长水产养殖产业链，提高产品附加值。在水产品流通方面，近年来我国水产品总消费量不断增长，2021 年中国水产品消费量达 6888 万吨，比 2020 年增长 2.3%，其中线上消费也成了消费者的重要选择。推动水产品消费线上线下融合发展，以电子商务拓宽水产品流通渠道，可以进一步挖掘水产品销售潜力，带动消费增长。另外，通过信息技术手段了解水产品市场情况，以市场为导向改进生产方式和优化产品结构，有助于提高养殖效益，保障水产养殖产值和养殖户收入稳定增长。

物联网、大数据、人工智能等现代信息技术与水产养殖业相结合，将推动智能渔场、休闲渔业等水产养殖商业模式的发展。其中，休闲渔业是水产养殖三产融合的产物，有关数据显示，2021 年全社会渔业经济总产值为 29689.73 亿元，渔业三个产业产值的比例为 51.1：20.7：28.2，其中休闲渔业产值为 835.56 亿元，占渔业经济总产值的 2.81%，占渔业第三产业产值的 9.98%。融合养殖生产、加工、流通、销售、休闲服务等产业，推动三产协调发展是水产养殖产业发展的重要方向。

通过构建水产业综合信息系统，将水产资源、产业、产品等进行整合，保障数据来源及其可靠性，并以数据化、可视化形式呈现，可方便开展养殖管理、评估和监管。在完善基础建设的前提下，各地可搭建智慧水产服务平台，通过该平台为水产业的信息技术应用提供引导，整理和共享水产业信息化过程中存在的问题，并对这些问题进行及时跟进解决，从而构建高效、透明、智能的水产养殖管理体系。各地监管部门可以通过地理信息技术、遥感技术等获取水产业空间数据，将水产业主体、水产资源、水产品情况等纳入系统中，并根据各地水产业特色进行标签化管理分类，使数据内容更加丰富、全面。

现阶段，水产业正处于转型发展的关键阶段，物联网、大数据、人工智能等信息技术的充分应用将减少粗放生产方式所占比例，加快生产信息流通，使各生产环节衔接更为顺畅，管理覆盖面更广，养殖盲目性大大降低，从根本上突破传统养殖模式的弊端，推动水产养殖业向现代化发展，提高养殖户收入水平，进而有助于整个乡村振兴战略的实施。

2.2.2　国内智慧水产发展的基本情况

随着国内水产养殖业的迅速发展，水产产业也逐渐开始了智能化探索，积极寻求与科技企业开展合作，基于自身的养殖发展需求，应用信息技术对生产管理进行智能化改造，实现智能化管控的目的，从成本、效率、效益等方面对企业生产经营状况产生积极影响。

目前，国内的智慧水产研究和应用尚处于起步阶段，但发展趋势明显，水产养殖产业链长、涉及面广，为智慧水产提供了广阔的应用空间，从育苗、养殖、加工、仓储、物流到最后的销售，对智能技术都有应用需求。具体来看，现阶段国内的智慧水产研究和应用主要包括智能化养殖、信息系统构建、电商服务和产业融合发展，其中，智能化养殖的实际应用较多，且应用效果较为明显。

1. 智能化养殖

水产养殖环境和养殖过程是智能化养殖的关键管控内容，目前国内已应用物联网、人工智能等技术，达到了一定程度的智能化监测控制要求，系统可以实时自动采集水温、氨氮、溶氧、总磷、pH 值、亚硝酸盐等水质参数数据以及降雨量、光照、CO_2 等气象参数数据，获取现场实时监控画面，结合数据信息和养殖经验设置系统参数，对水位、增氧、投饵等进行自动化控制，改善水产生物的生长环境。养殖人员可以从 Web 端和 APP 端远程访问监测数据，也可以在收到系统自动发出的报警信号后，及时采取处理措施。然而，目前的实际情况是在水产生物及其病害监测方面的研究多但实际应用少，水产生物生长情况的动态监测、水产病害的及时发现和预警等养殖过程中的关键智能化应用仍有较大的发展空间。

2. 信息系统构建

水产业生产经营产生了大量的数据，全面获取并有效利用这些数据对提升养殖管理水平具有重要作用。国内的养殖信息采集、水产病害测报、水产灾害统计、市场价格监测和产品质量追溯都开始采用物联网、大数据、云计算等技术，养殖生产管理和统筹监管的自动化、信息化、数字化特征逐渐凸显。全国水产技术推广总站目前已搭建全国养殖渔情信息动态采集系统、全国渔业统计数据管理系统、“水产智能”健康养殖生产与大数据管理系统、中国水产批发市场信息采集分析平台、全国渔民收支调查统计系统、国家水生动物疫病监测信息管理系统、国家水生动物疫情预警系统、全国水生生物资源养殖信息采集系统等信息化系统，对养殖点、品种、产量、市场、收支、疫病和资源等数据进行自动化采集和分析。数据实时、准确采集及高效分析、挖掘和应用，是后续信息化系统升级的主要方向。

3. 电商服务

电商服务是水产业务的一大创新，国内电子商务在水产领域的应用已初具规模，许多养殖企业把电子商务平台作为采购饵料、渔药、设备等养殖生产物资和销售水产品的渠道，减少了产品流通环节，提高了销售效率。根据水产品销售价格、数量等市场信息，合理调整养殖品种和规模，基于订单情况开展精准养殖、捕捞，电商平台的搭建有效降低了养殖企业的生产盲目性。考虑到便捷程度、产品质量等因素，一部分消费者热衷于使用买菜平台，借助移动设备即可快速选购包含明确产地、质量信息的水产品，这类第三方电商平台帮助养殖企业省去了建设自有电商平台的投入，也为水产品的质量安全提供了保障。养殖企业入驻电商平台需要通过一系列信用审核，交易数据也记录在平台上，买卖双方通过平台追究相关违规责任，经过大数据分析来评估养殖企业的信用等级，为养殖企业获取信贷、保险等金融服务提供了数据依据。国内水产品流通电商化进程正在逐渐加快，未来将形成水产养殖产业链全程的数字化，水产业服务体系的完善和服务范围的拓展将不断深入。

4. 产业融合发展

水产养殖智能化应用促进了水产养殖产业发展模式的创新，构建水产养殖产业生态系统成为当下的热门话题。产业融合发展要求延长水产养殖产业链，发展水产品加工和休闲渔业，同时与当地生态、文化要素相结合，打造具有明显特色的水产业综合体。一些水产养殖企业开始了对产业融合的探索，寻求与水产加工企业、生态旅游企业、互联网平台等合作，共同经营、服务、宣传，促进水产养殖业创新发展，提高产值。要构建完善的产业生态系统，还需要以市场为导向生产高品质水产品，丰富水产品种类，优化产业区域布局，发展水产品精深加工，完善品牌营销模式，完善相关配套设施，为产业融合发展奠定坚实基础。同时，构建水产业服务体系，形成集生产、加工、存储、物流、销售于一体的水产业全产业链发展格局，为产业融合发展提供持续的动力。

我国的智慧水产还处在初期研究发展阶段，只有持续不断地研究、试点、推广，才能真正实现智慧型水产养殖模式的大范围覆盖。水产行业的市场规模和智能化需求给智慧水产发展提供了关键驱动力，水产业转型升级指日可待。

2.2.3 国内智慧水产发展面临的挑战

当前国内智慧水产的发展仍处于初级阶段，推动智慧水产发展还需扫清当前存在的障碍，为水产行业信息化应用和综合水平提升提供保障。目前，国内智慧水产发展面临的挑战主要包含以下几点：

(1) 传统养殖观念根深蒂固。养殖户习惯于凭经验养殖，对信息化建设缺少足够的认识与重视，使用新技术的意愿不高；中小型养殖企业引入新技术与设备的资金负担普遍较重，且投资回报不明确，再加上后期设备维护、系统升级需要持续性投入，应用成本和实际收益较难平衡，因此多选择保留传统养殖方式。

(2) 智慧水产基础薄弱。水产行业的数字化多局限于资源调查、环境监测和经济统计方面，数字化应用的广度和深度明显不足；信息孤岛现象严重，没有统一的信息管理发布中心，也未搭建完善的信息共享网络；智慧水产相关设备、技术和应用还不够成熟，系统稳定性、可靠性有待检验，尤其是海洋渔业信息化基础相当薄弱，如何让设备在恶劣的海洋环境中正常工作、如何实现海洋通信等是亟须解决的难题；智慧水产系统功能单一，多停留在数据获取与展示方面，数据分析、处理滞后，导致数据利用率低，很少真正服务于养殖生产。

(3) 复合型人才不足。智慧水产是一门交叉学科，其应用需要结合物联网、大数据、人工智能等多种信息技术与专业的水产养殖技术，但目前从业人员的知识结构不完善，信息技术研发人员缺乏专业的渔业知识，水产养殖人员的信息技术较为片面，水产养殖信息化人才紧缺，限制了相关技术的开发应用；再加上信息技术人才较少投身于水产行业，养殖人员对信息技术的接受和理解程度不高，导致复合型人才培养受阻，远不能满足智慧水产的建设需求。

(4) 统一规范和标准缺乏。目前还没有制定统一的技术、系统规范，智慧水产建设质量和应用效果难以衡量；一些企业和管理部门搭建了水产养殖信息化系统，但由于没有制定统一的标准，系统之间相互独立，数据不能共享，难以形成和利用大数据优势，系统重复开发建设也导致了严重的资源浪费。

2.2.4　国内智慧水产的发展方向

内陆养殖和海洋水产都需要加强信息化建设，以适应水产业的发展需求，为此，可以从以下几方面入手来提高智慧水产的发展水平。

(1) 提高养殖户的重视和认可程度。加强对智慧水产的宣传推广和对养殖人员的培训教育，提高企业和养殖户对智慧水产的认知程度。创新投入机制，引导企业投资智慧水产建设，同时将智慧水产技术及产品研发、应用纳入金融、科技、保险等政策扶持范围，吸引更多的科研机构、信息技术企业、水产企业参与智慧水产建设与推广。在实践过程中，聘请智慧水产行业专业人员给予技术指导，及时发现、解决实际问题。

(2) 加强关键技术和产品研发。建立完善的智慧水产系统框架，不断加强各层级相关技术的研发，包括水域环境信息感知、信息实时稳定传输、数据智能分析处理、设备精准管理控制、应用服务体系建设等。海洋环境比陆域环境更为复杂，尤其需要加强海洋渔业技术创新，找到跨领域技术应用于海洋水产发展的突破口，拓展实际应用。

(3) 培养和引进专业人才。联合高校、科研院所和企业培养智慧水产专业人才，设置与产业需求相匹配的学科和专业，丰富教育培训内容和形式，构建完善的人才培养体系。同时，采取高层次专业人才引进策略，制定人才保障政策。此外，加强对养殖人员的专业知识培训力度，使其能掌握智慧水产生产管理模式并应用技术手段发展水产养殖生产。

(4) 建立统一规范和标准。建设能够统筹全国水产业信息的系统平台，实现养殖、加工、运输、仓储、销售数据互联互通，为水产养殖全产业链提供信息服务。整合现有各级系统，规定统一的接口和数据共享标准，相关企业、部门共享数据，减少平台的无序开发和重复建设。组织高校、科研院所、研发企业和养殖主体编制智慧水产相关标准，统一信息采集、传输、存储、应用等设备和技术的参数标准和协议。

第 3 章　智慧水产设备的可靠性

智慧水产通过传感器模块、物联网关、通信及组网模块、智能控制设备等硬件实现感知、处理、通信、控制等功能。智慧水产是一个非常复杂的系统，不同领域、不同生产流程的环境差异大，较大的干湿度变化、温度变化及腐蚀性气体(盐雾)等环境可靠性因素以及雷击(Surge)、静电放电(Electro-Static Discharge，ESD)等电磁干扰因素都会对生产设备及其生产效率产生影响，因此电磁兼容性、环境可靠性和安规的设计对于保障智慧水产设备稳定性、可靠性和数据准确性具有重要意义。

3.1　智慧水产设备的电磁兼容性

智慧水产设备的工作可靠性和安全性受其电磁兼容性能的影响较大，如果当智慧水产系统内部各部分正常工作时不干扰其他系统，也不会遭受其他系统的电磁干扰，则说明该智慧水产系统具备良好的电磁兼容性能。智慧水产设备的抗干扰性包含两个方面的要求：一是智慧水产设备需具备电磁抗扰能力，能够抵抗电磁骚扰(Electronic Magnetic Disturbance，EMD，电磁现象的一种，会导致设备不能正常使用)，维持使用性能；其次是智慧水产设备自身不会对周围其他设备造成电磁干扰(Electronic Magnetic Interference，EMI，由电磁骚扰引起的设备、系统性能降低的结果)。

电磁兼容(Electronic Magnetic Conmatibility，EMC)测试是判断智慧水产设备电磁兼容性能的主要方式，也是使智慧水产设备满足互用性(Interoperability)的前提，具体指的是利用智慧水产设备 EMC 标准和规范规定的测试方法，测试智慧水产设备的电磁敏感性(Electronic Magnetic Susceptibility，EMS，对电磁影响的可承受程度)及其所能造成的电磁干扰，再与测试标准进行比照，得出测试结果。

电磁敏感性测试也叫电磁抗干扰测试，智慧水产设备的电磁敏感性越低，意味着其电磁抗干扰能力越强。如果智慧水产受试设备(Equipment Under Test，EUT)在某电磁环境中能够正常工作，即可判定该设备在这一电磁环境中具备抗扰性。电磁抗干扰测试项目包括静电放电抗扰度测试、射频电磁场辐射抗扰度(Radiated Susceptibility，RS)测试、电快速瞬变脉冲群(Electrical Fast Transient，EFT)抗扰度测试、雷击浪涌抗扰度测试、低频传导抗扰度测试等。

电磁干扰的传播形式有两种，即传导和辐射。在测试电磁干扰时，需要根据其传播形式采取相对应的测试方法。由于电磁干扰传导需要依托传导媒介，通常是一些导电介质(如电源线、互联线、控制线等)，因此可以用电流法、功率法、电源阻抗稳定网络法等测试传导干扰。电磁干扰辐射不需要依托任何媒介，而是直接以电磁波形式传播，辐射干扰测试测的是磁场及电场干扰场强，对测试环境有特定的要求，天线法和诊断法是主要采用的测试方法。

通过电磁兼容(Electronic Magnetic Compatibility，EMC)测试可以找出智慧水产设备的电磁兼容薄弱点并进行改进，即进行电磁兼容设计，这是提高智慧水产设备电磁兼容性能的关键手段。电磁骚扰发射后通过特定耦合机制(如传导、高频、辐射等)被易感设备接收，即造成电磁干扰，所以减少智慧水产设备的电磁干扰，可以从抑制骚扰源、破坏耦合机制、降低接收设备敏感度三个角度入手。随着智慧水产设备应用日渐广泛，克服电磁干扰的技术手段需要同步提升，以解决电磁兼容问题，保障系统正常运行。

3.2　智慧水产设备的环境可靠性

环境可靠性(Environmental Reliability)指的是在某种环境条件下，设备能够正常工作的概率，是除材料、设计、制造、测试因素之外，影响设备性能的又一关键因素。为了使智慧水产设备在实际应用过程中经受住气候环境、机械环境等的影响，需要对其进行环境可靠性测试和环境适应性设计。

环境可靠性测试分为气候环境可靠性测试、力学环境可靠性测试和综合环境可靠性测试。其中，气候环境可靠性测试包括高温、低温、快速变温、低气压、紫外光老化、混合气体腐蚀、盐雾腐蚀测试等；力学环境可靠性测试包括随机振动、碰撞、跌落、机械冲击测试等；综合环境可靠性测试包括温度气压、温度振动、温度湿度振动综合测试等。对智慧水产设备进行以上测试，有利于掌握设备的环境可靠性水平，结合实际情况进行可靠性提升。

环境适应性设计是提高设备的环境适应性的必然要求，其采用的方法主要有两种，即消解环境影响和提高设备的抗环境干扰能力。减振设计、气密密封设计、冷板设计等是消解环境影响的常用方法；在选择智慧水产设备制作材料、元器件时将抗环境干扰能力作为筛选条件，在制造设备过程中加入表面镀层等工艺，能够有效提升智慧水产设备本身的抗环境干扰能力。当然，对不同设备或应用于不同环境的同一设备进行环境适应性设计，其依据的参数和标准也有差异。例如，同样是温度传感器，将其应用在水产业生产、加工、物流运输等不同领域时，其环境适应性设计参考的参数和标准也应有所调整。

智慧水产设备的智能化、多功能化、集成化、微型化特点日趋明显，所需元器件数量成倍增长，对环境适应性设计的需求也持续增加。智慧水产服务范围的扩大使智慧水产设备面临的环境条件愈加复杂，对环境可靠性的要求也在不断提高。例如，我国水产业从南到北的生产环境各具特点，在智慧水产生产过程中，智慧水产设备就需要经受不同等级温度、湿度、气压、淋雨、浸水、盐雾等的影响，环境适应功能应更加多元，这是评判设备整体性能的重要标准。

对智慧水产设备而言，环境可靠性是产品竞争的核心因素之一，环境可靠性越高，使用稳定性越强，使用体验更为友好，也有利于提升智慧水产设备制造企业的声誉。为进一步增强智慧水产设备的环境可靠性，使可靠性测试与实际需求更加贴合，还需要建立环境可靠性评价体系标准。以作为智慧水产基础设施的传感器为例，国家标准与行业标准主要集中在灵敏度、校准、技术规范方面，缺乏环境可靠性测试与评判标准。为改变传感器环境可靠性水平参差不齐的现状，给产品设计人员、检验人员、使用人员提供指引，推动建立智慧水产行业规范，亟需开展传感器等智慧水产设备的环境可靠性测试、评判标准的建立工作。智慧水产设备或系统一旦发生故障，会导致水产业生产系统、食品溯源系统、环境监测系统等的失效，因此提高智慧水产设备的环境可靠性，对于减少事故发生和经济损失、保障水产业生产和管理具有重要意义。

3.3 智慧水产设备安规

安规(Production Compliance)包含针对产品安全性能所设立的一系列规定，大多数国家与地区都设立了本国的产品认证机构，使用不同的安规标准。目前主要存在两大安规体系，分别是以 UL(Underwriter Laboratories)、CSA(Canadian Standards Association)为代表的美系标准和欧盟的 IEC(International Electrotechnical Commission)、CE(Conformite Europeenne)标准。

智慧水产设备安规是指智慧水产设备在零件选用、设计、开发、检验和使用上都必须符合销售地的法律、法规及产品标准规范的安全规定。智慧水产设备安规认证项目主要涉及电流、温度、电磁兼容性等方面，如抗电强度测试、泄漏电流测试、接地电阻测试、耐温测试、电磁兼容性测试等，且对设备中使用的印制电路板(Printed Circuit Board，PCB)、绝缘电阻、外壳设计、变压器、绝缘材料等方面都有严格的要求。

为提升智慧水产设备的安全性和竞争力，需要对其进行安规设计。智慧水产设备安规设计以确保各类物联网设备的使用安全为目的，防止用户与维修人员遭受人身伤害，也防止使用环境受到污染和破坏，造成财产损失。与物联网安全设计不同，智慧水产安规设计更侧重于机械、结构安全，而不是网络、数据、通信安全。

智慧水产设备由大量电子器件以复杂形式组合而成，在进行安规认证时，其元件、材料、设备本身、生产工厂都必须符合限制要求，且必须经过认证机构定期和不定期的监督检查，获得认证机构颁发的证书，并按规定添加认证标志。各类水产业传感器、网关、智能控制设备必须经过安规认证才能出厂、销售，最终投入使用。经过安规检验的智慧水产设备的可靠性与稳定性更强，使用寿命也更长。

3.4 智慧水产系统的故障诊断

水产业追求智能化发展，必将加深智慧水产系统的规模化和复杂化程度。在水产业生产过程中，为了保障智慧水产系统的可靠性和安全性，有必要对智慧水产系统进行科学的监控与管理，在出现故障征兆或故障发生时采取及时的诊断及处理措施，以减少损失，故障诊断方法在这个过程中发挥着重要作用。

依据建模方法和处理手段的差异，可以将故障诊断方法分为以下三种类型：

(1) 基于解析模型的诊断方法。使用该诊断方法的首要步骤是构建诊断对象的数理模型，诊断结果是否准确在很大程度上取决于模型精确度的高低。实行该诊断所使用的算法通常比较简单，通过解析模型即可得到所诊断目标的状态信息。

(2) 基于信号处理的诊断方法。该诊断方法通过分析目标对象发出的信号来检测其状态，所采用的判断依据主要是目标对象的特征参数数据，包括频率、方差和幅值等。与基于解析模型的诊断方法相比，这种方法适应性较强，但是诊断准确率较低，其中的小波变换分析方法能有效抑制噪声，故障检测的灵敏度较高。

(3) 基于知识的诊断方法。基于知识的诊断不需要构建模型，过程中主要使用了知识处理技术，智能化特征明显，适用性相对较强。该类型的诊断方法主要有专家系统故障诊断方法、神经网络故障诊断方法、数据融合故障诊断方法等。

第 4 章　智慧水产信息感知

4.1　传感器技术

4.1.1　传感器技术概述

在物联网领域，传感器技术是感知外部信息的关键手段，是物联网进行信息传输、处理和应用的前提。传感器技术的水平影响整个物联网系统的性能，一定程度上也可以衡量物联网的发展水平。智慧水产完整信息链的构成同样离不开传感器技术，智慧水产要求检测和控制的自动化、智能化，而信息获取和转换是其中的重要环节，如果没有传感器来采集、转换被测对象的参数信息，智慧水产系统就不能正常运行。

1. 传感器的结构组成

传感器是检测信息的装置，它负责把信息转换成电信号，以便进行处理和分析。传感器的结构组成如图 4-1 所示。传感器的内部结构中包含了敏感元件、转换元件及信号调节与转换电路，三者分别进行物体信息获取、电信号转换和电信号调制，最终输出可供后续环节应用的电信号。另外，转换元件、信号调节与转换电路的正常工作需要一定的电量供给，通常由辅助电源来完成。

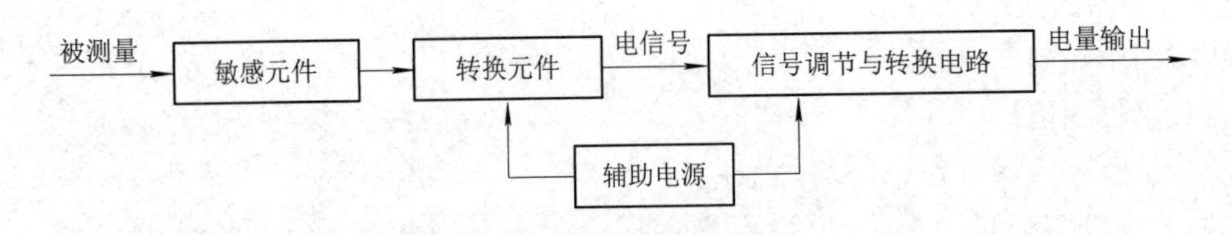

图 4-1　传感器的结构组成

目前，传感器相关技术已相对成熟，已被应用于农业及工业生产、环境探测、商品质检、医学诊断、交通管理、航天探索等诸多领域。传感器可以基本满足响应速度、测量精度、灵敏度方面的要求，能够在高温、高压等特殊环境下进行连续检测并记录数据变化，还能检测到超声波、红外线等人体感官无法感知的信息，大大弥补了人工检测的不足。众多传感器自组织形成的无线传感网络，凭借组建方式自由、设置灵活、无须布线等优势，被广泛应用于信息采集和传输中。

2. 传感器的分类

传感器种类丰富，分类方式多样，其中较常用的分类方式如表 4-1 所示。

表4-1　常用的传感器分类方式

传感器分类方式	传感器名称
按用途分	力敏传感器、气敏传感器、生物传感器等
按工作原理分	电阻式传感器、电压式传感器、光电式传感器等
按输出信号分	模拟传感器、数字传感器、开关传感器等
按制造工艺分	集成传感器、薄膜传感器、厚膜传感器、陶瓷传感器等

3. 传感器的选择

传感器的主要性能指标包括灵敏度(传感器可感受到的被测量最小变化的能力)、一致性(相同传感器在同一环境下对同一信号源响应幅度、响应时间的一致程度)、准确性(精度)、可靠性(环境可靠性)、线性度(传感器校准曲线偏离拟合直线的程度)和量程(传感器的测量范围)。环境检测对传感器的性能要求较高，无线信道传播信息的环境可以分为城市密集区、城市稀疏区、郊区、农村和平原等，不同区域对传感器的检测性能也有不同程度的影响。其次，所检测环境的温度变化、湿度变化、雷雨降水、空气盐雾腐蚀、雷击静电及周围其他干扰因素也会影响传感器的监测结果。此外，传感器检测的数据结果还与数据处理电路和传输电路有关，如果电路没有经过专业电磁兼容设计及数据误差校准处理，传感器的检测结果同样会出现很大偏差。

当传感器受到各种外界因素影响而产生随机误差、系统误差、粗大误差和坏值时，需要通过模拟滤波、数字滤波、数据拟合、数据建模等方法进行数据处理和校正，否则传感器的数据结果将因出现较大偏差而无法使用。事实上，如果不经过严格专业的技术处理，则价值上万元的传感器和几百元的传感器性能相差无几，因为传感器的监测性能易受到外界因素的影响，从而使检测数据不可靠，缺少实用价值。目前我国市场上的传感器大部分存在这类问题，很多属于“三无”器件，即没有计量校准测试，没有第三方性能测试报告，没有认证报告和数据，因此此类传感器无法满足应用要求。

4. 传感器的数据处理

传感器感知到信息后，会依照设定的规则，把这些信息转换为电信号，再进行输出。主控设备接收到信号后对其进行处理分析，提取有价值的数据，再通过其他方式传送这些数据。受设备质量、操作方法、外界干扰等因素影响，传感器使用过程中容易出现误差(测量值和真实值之间的差)，若不进行误差处理，数据实用性将会明显降低。

传感器误差主要包括系统误差、粗大误差和随机误差。系统误差是指在对同一个量进行多次测量时出现的保持不变或按一定规律变化的误差。例如，违反随机原则的偏向性误差、在抽样中由登记记录造成的误差等，通常是由传感器本身问题或使用不当造成的。粗大误差是指对同一个量进行多次测量时出现的明显偏离结果的误差，通常是由传感器故障、测量条件变化等较大干扰引起的采样数据突变。含有粗大误差的测量值称为坏值。随机误差是指随机发生且较难排除和校正的误差，所得数据具有随机性，通常是由独立、微小的偶然因素引起的。对于随机误差，主要采用数字滤波及模拟滤波方法予以消除或减小。数字滤波是采用加权平均、均方差等方法对数据进行处理；模拟滤波主要是在电路系统中增加滤波系统，通过高频、低频电容和电感消除工频干扰和高、低频干扰。

以下通过传感器气象监测实验验证传感器数据处理的效果，即将智能气象站数据与市环境监测中心的世纪公园监测站数据进行对比，从而确认经处理后的传感器数据的准确程度。图 4-2 所示为智能气象站和世纪公园监测站大气压数据对比，图 4-3 所示是智能气象站和世纪公园监测站温度数据对比。智能气象站搭载了各种类型的环境监测传感器，其监测所得数据应用数据处理算法进行了处理，两种监测方法下大气压和温度的数据对比说明传感器数据经处理后准确性较高，与世纪公园监测站所得数值一致或呈现出明显的跟随性。

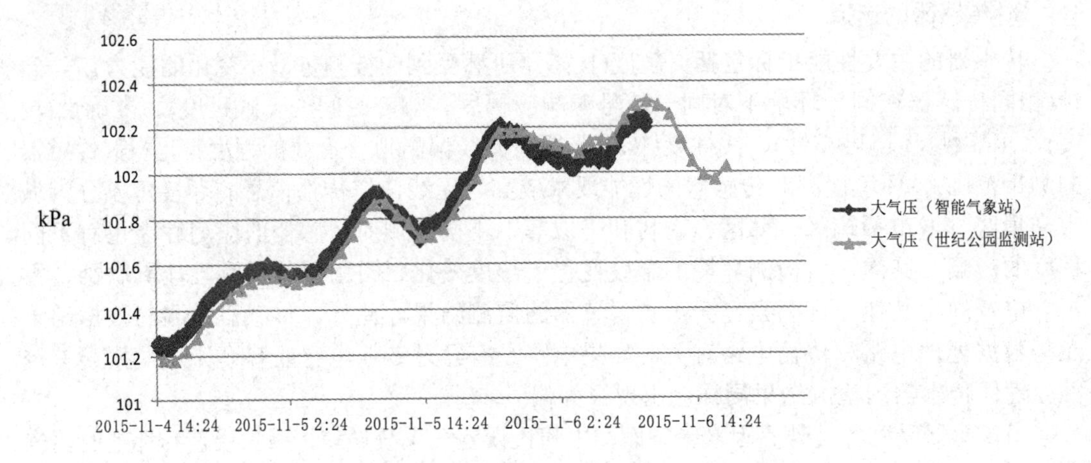

图 4-2　智能气象站和世纪公园监测站大气压数据对比

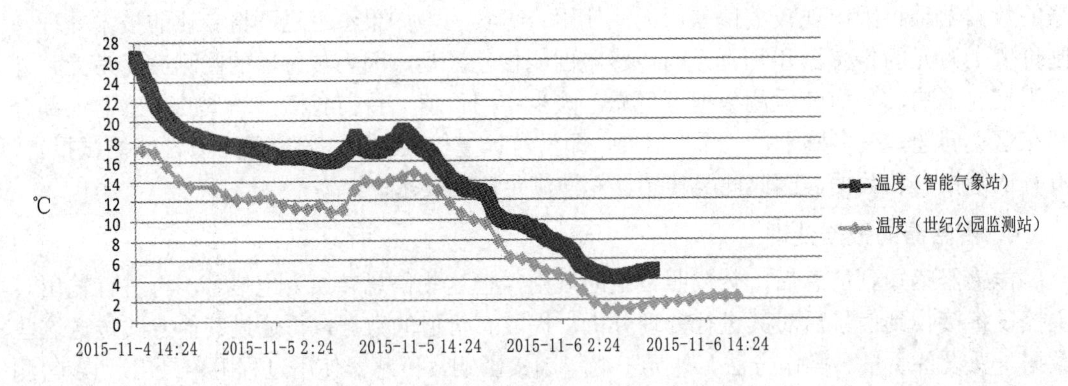

图 4-3　智能气象站和世纪公园监测站温度数据对比

5. 传感器的标定和校准

传感器标定指的是通过试验建立传感器输出与输入之间的关系并确定不同使用条件下的误差的过程，实际上也是确定传感器的测量精度，标定数据可作为改进传感器设计的重要依据。传感器标定的基本方法是将标准仪器产生的已知量作为被标定传感器的输入，将所得输出量与输入的标准量作比较，从而了解传感器的性能。传感器的标定流程如图 4-4 所示。传感器使用一段时间或经修理后，必须对其主要技术指标再次进行检测试验，即校准，以确保其性能指标达到要求。校准是对传感器性能的复测，其本质与标定相同，实际上就是再次的标定。

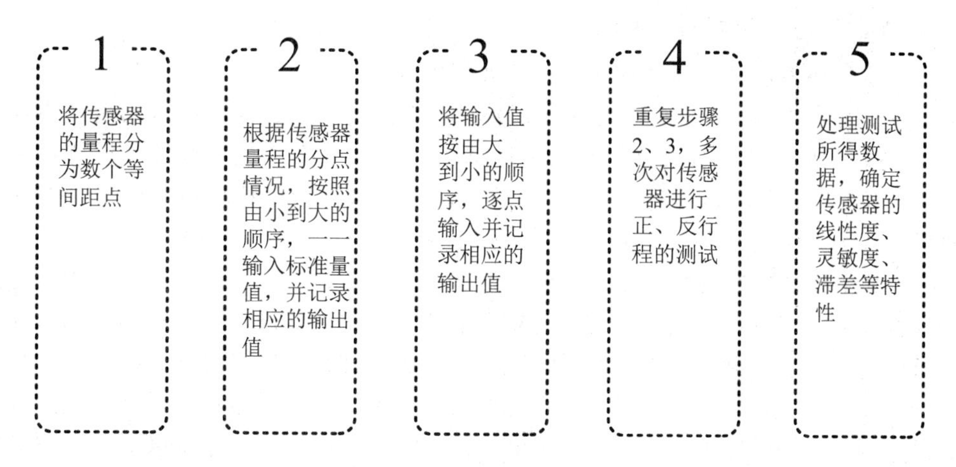

图 4-4　传感器的标定流程

4.1.2　传感器产业

1. 传感器产业的现状

我国对传感器的使用需求量大，市场规模可达数百亿元。但现在国内自主生产的传感器还远远不能满足这些需求，产生这种现象的最主要原因在于国产传感器普遍在灵敏度、准确性、稳定性等方面存在问题，且由于传感器及相关专业人才数量少，传感器研发进展缓慢，使其发展和应用都受到了极大的限制。目前市场上销售的传感器多产自美国、德国和日本，这三个国家占据了绝大部分的传感器市场份额，其他国家与此相距甚远，造成此现象的原因主要如下：

(1) 国产传感器的可靠性、稳定性与国外产品差距较大，其正常使用易受外部环境条件的影响。生产企业缺少电子产品检测标准和技术积累，测试大都是传统的误差测试，缺少电磁兼容、环境可靠性和安规等测试，亟须在这些方面进行改进。

(2) 校准并消除传感器误差是传感器能够正常使用的关键，但我国在这方面的技术水平较低，当传感器出现各种类型的误差和坏值时，难以恰当采用数字滤波、数字拟合等技术和算法进行处理，其带来的直接影响是传感器性能差，不能准确感知外部信息并完成信号转换，且其稳定性容易受到外部环境干扰，国产传感器应用及其产业发展也因此停滞不前。

(3) 国内制造传感器所使用的材料和工艺相对落后。目前发达国家普遍采用 MEMS 技术、纳米技术减小传感器的体积和功耗，在安装和维护方面也节省了很多费用，且制造出的传感器可以完成某些传统传感器不能完成的任务。但国内传感器较少有相关技术的应用。

(4) 英国、美国等发达国家对通信技术的研究较为深入，研究成果的应用效果显著。以无线传感器网络为例，这些国家研发构建的无线传感器网络在可覆盖范围、可靠性、稳定性、成本等方面具有明显的优势。与采用单一传感器独立检测相比，使用大量传感器同时检测并构建互联互通的无线传感网络，扩大了检测范围的同时也能够降低误差，提高可靠性，这也是推动我国传感器产业发展的技术研发及应用方向之一。

2. 传感器产业化问题及解决策略

目前我国传感器产业发展存在的主要问题如下：

(1) 科技成果转化率较低，产业化基础薄弱。农业传感器的市场准入门槛高于其他产品，但其技术水平和开发程度都比较落后，人力、物力、工艺技术等资源配置缺乏，导致企业难以支撑长时段与较高失败率的传感器研发，传感器从科技成果转入产业应用较为困难。

(2) 对国外技术的依赖程度高。传感器企业的研发能力不足，在生产过程中对进口芯片的依赖程度高，对其余相关技术也多有模仿和引进，这种情况在农业级传感器方面尤为突出。国内现有传感器的整体技术水平、准确性、稳定性、可靠性等均有待提升。

(3) 市场竞争力不足。需求量大是我国传感器市场的一个明显特征，然而国产传感器只能满足其中一小部分需求，我国现有从事传感器研究的企业大约有2000家，但只有极少数企业能够在传感器个别领域占优势，专业化企业数量不足3%，缺乏龙头企业的引领，也没有拿得出手的国际品牌。农业物联网等领域中使用的传感器产品基本上都来自国外，大部分的国内传感器企业规模一般，目前只有郑州汉威、宝鸡麦克、南京高华等体量较突出，产值超过1亿元。

(4) 成本优势不明显。国内传感器生产成本高，且多数产品较为低端，提高技术水平需要进行工艺研发，这需要大量的资金投入；在市场竞争中处于劣势，收益非常少，甚至出现亏损现象，传感器生产所需成本供给不足；大量传感器厂家没有实现对传感器的机械化装配，产出效率低，规模效益更是无法达到。

(5) 行业不被重视。传感器作为智能感知的最前端，其发展对于推进智能化建设至关重要，理应得到重视，但现实情况却恰恰相反。20世纪80年代初期，国家科委曾就“是否将传感器技术纳入信息技术范围”这一问题组织专家进行讨论，最终因传感器体量太小而被否决。至今，虽然受相关政策影响，传感器产业发展情况有所改善，但还是没能从根本上释放传感器产业的发展潜力，收效甚微。

(6) 融资困难。传感器在智能制造、工业互联网、人工智能等领域不可或缺，但传感器产业并没有随着智能制造、人工智能产业的发展而崛起，主要是因为对传感器产业缺乏足够的重视，投资界对其反应平平。国家对传感器产业的扶持政策少，也影响了投资者的判断与选择。

为了改变国内传感器产业相对落后的局面，可从以下几方面入手：

(1) 政策与管理方面。政府加强对传感器产业的扶持，鼓励加大研发投入，建立完善的传感器产业链和上下游机制，推进传感器研发成果向现实生产力转化；完善与传感器产权保护相关的制度，严厉打击侵权行为，维护传感器研发人员的利益；加强统筹管理，确认管理传感器产业的主要部门，避免多头管理的弊端。

(2) 资金方面。由国家设立扶持和引导传感器产业化的专项资金，有偏向有重点地支持一些传感器工艺和技术的研究与转化，还可以适当减免税收。

(3) 行业方面。制定传感器行业发展整体战略规划和传感器技术规范，明确传感器行业发展的总体方向和指导方针，这是传感器产业化发展的基础。首先，为提高传感器的产业化水平，可以从企业入手，扶持传感器龙头企业，发挥其产业化示范带头作用，由点到面，逐步打造传感器产业化示范区，促进形成产业集聚与规模效应；其次，树立国际化意识，建设传感器产业园区，研发制造能参与国际竞争的中国传感器，使国内的传感器产品、品牌与集聚区具备国际优势与特色；再进一步完善产业结构与产业链，提升传感器行业整体能力。

(4) 技术与人才方面。首先要培养和集聚人才，加大对传感器技术的研发力度，形成良好的研发环境，制定人才培养计划，如可以在高等院校开设传感器相关的课程。其次要强化产业协会的服务功能，为传感器企业提供市场推广、技术、人才等方面的信息，在促进产学研结合方面，可以集合国内外传感器企业、院校相关专业人才组建国家级传感器实验室，进行自主创新，并建立专门推动技术转化与推广的产业化基地，形成产业联盟。

4.1.3　传感器在水产业中的应用

传感器技术在水产业主要用于水质监测和养殖管理。在水质监测方面，应用传感器技术可以实时监测水温、pH 值、溶解氧、氨氮、硝酸盐等水质参数，帮助判断水质条件是否符合水产生物生长需求，以便在出现问题时及时采取措施进行调整。传感器技术的优势在于可以快速准确地测量水质参数，并且可以将数据实时传输到服务器，方便远程监测和数据分析，也可以在发现异常时及时报警，避免事故的发生。在养殖管理方面，应用传感器技术可以监测水产生物数量、重量、生长速度等参数，为控制养殖密度和投饵量提供依据，还可以监控水泵、增氧机等设备的运行情况，辅助进行设备控制和维护。

总的来说，传感器技术在水产业中的应用可以提高水质监测的准确性和养殖效率，降低养殖风险和成本，促进水产业可持续发展。另外，传感器技术也可以和人工智能、大数据等技术相结合，实现水产业的精细化管理和智能化决策，进一步提高养殖效益和竞争力。可见，传感器技术在水产业中的应用前景十分广阔，值得进行深入研发和应用推广。

4.2　拉曼光谱技术

4.2.1　拉曼光谱技术的原理

拉曼光谱(Raman Spectroscopy，RS)技术是基于拉曼散射原理进行的分子光谱指痕鉴定，通过检测光谱特性来分析物质特征。当光和分子相互作用发生散射时，大部分光子被弹性散射，一小部分光子发生拉曼散射，此时，光子把部分能量转移给分子，使散射光频率发生位移，位移量携带分子信息。若分子结构不同，则位移量不同，相应的拉曼光谱图谱也有所不同。通过比对拉曼图谱间的差异可以辨别样品中某些化学物质是否存在以及确定该化学物质的相对含量。

不同拉曼光谱仪(见图 4-5)的系统结构大同小异，基本上都是由激光器、外光路系统(样品控制系统)、分光系统、光探测系统、计算机处理系统组成，如图 4-6 所示。

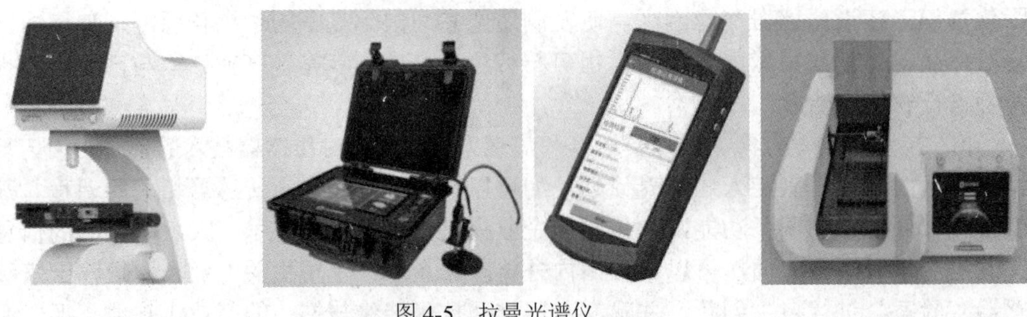

图 4-5　拉曼光谱仪

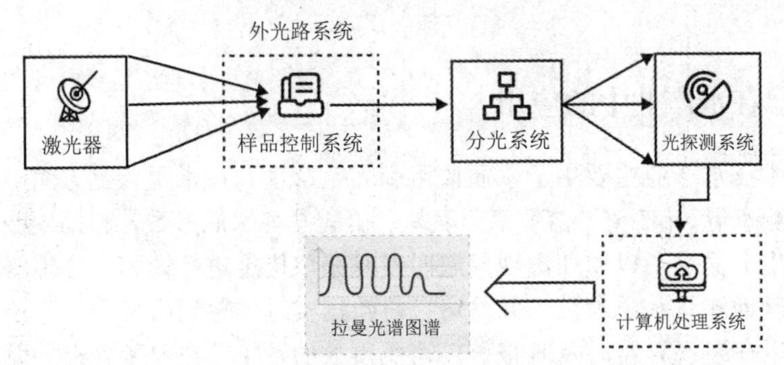

图 4-6　拉曼光谱仪的系统结构

在拉曼光谱仪中，激光器用于提供高能量激光光源；外光路系统将激光光束导入到样品表面，并收集样品散射的光信号；外光路系统内包含样品控制系统，用于控制样品的位置、角度和温度等参数，确保实验条件的稳定性和可重复性；分光系统用于分离样品散射的光信号，将其按照波长进行分离，并传输到探测器上；光探测系统用于检测光信号，并将其转换为电信号，以便进一步处理和分析；计算机处理系统用于将检测到的信号转换成拉曼光谱图谱，并进行相关的数据处理、分析和展示等操作。这些组件共同组成了一个完整的拉曼光谱仪系统，用于分析各种样品的化学成分、结构和物理性质等信息。

拉曼光谱仪中外光路系统的合理设计和优化能够对拉曼光谱的信噪比、分辨率、灵敏度等参数产生很大影响。光探测系统如果使用传统的 CCD 探测器，在接收光子的同时还要进行电子信号转换和放大等操作，使用 CMOS 探测器则可以在接收光子信号后直接输出数字信号，效率更高。计算机处理系统常用的数据处理方法包括峰值拟合、光谱匹配等。

凭借结构简单、操作简便、测量快速准确等优点，拉曼光谱仪目前已广泛应用于生物医学、石油化工、物证鉴定、环保检测等多个领域，为各行业发展提供分子结构方面的信息。由于大型拉曼光谱仪结构复杂、设备庞大，不适用于现场检测，主要应用于科研领域；小型手持仪器多用于实现物质的快速检测，可实现对非法添加剂、农兽药激素残留、掺假有害物质等的快速定性定量检测，但还存在精度不高、稳定性不够等问题。随着拉曼光谱表面增强技术的深入研究和应用，便携、手持的拉曼光谱仪将得到更为广泛的应用。

4.2.2　拉曼光谱技术在水产领域的应用

1. 水产养殖有害物质检测需求

病害是水产养殖业的重大威胁，合理使用渔药能够有效预防水产养殖病害，降低风险，提高水产品产量。然而，在水产养殖过程中，由于缺乏科学指导或为追求杀菌、防病效果，有不少的养殖人员非法、过量使用渔药，导致水产品中有害物质含量超标，严重威胁水产养殖安全和消费者健康。

为加强水产养殖用渔药及其他投入品使用的监督管理，相关部门会定期对水产养殖产品质量进行抽查，检测水产品及其养殖投入品中有害物质的含量，以提升养殖水产品质量安全，保障水产品安全有效供给。在农业农村部发布的《2022 年国家产地水产品渔药残留监控计划》中，水产品、水产养殖用投入品非法添加物质的检测项目和指标如表 4-2、表 4-3 所示。

表 4-2　水产品检测项目

抽样品种	检测项目
海水鱼(大黄鱼、花鲈、石斑鱼、鲆鲽类、鲳鱼等)、虾(对虾等)、蟹(中华绒螯蟹、三疣梭子蟹等)、鲍、其他海水养殖种类	氯霉素、硝基呋喃类代谢物、洛美沙星、培氟沙星、诺氟沙星、氧氟沙星、恩诺沙星、环丙沙星、地西泮
淡水鱼(鳜鱼、虹鳟、鲫鱼、草鱼、大口黑鲈、乌鳢、斑点叉尾鮰、鲤鱼、鳊鲂、鲇鱼、黄颡鱼、鲟鱼、黄鳝、泥鳅、罗非鱼等)、克氏原螯虾、中华鳖、牛蛙、其他淡水养殖种类	氯霉素、孔雀石绿、硝基呋喃类代谢物、洛美沙星、培氟沙星、诺氟沙星、氧氟沙星、恩诺沙星、环丙沙星、地西泮
海参	氯霉素、硝基呋喃类代谢物、洛美沙星、培氟沙星、诺氟沙星、氧氟沙星、恩诺沙星、环丙沙星、甲氰菊酯、扑草净、地西泮

注：硝基呋喃类代谢物包括：呋喃唑酮代谢物 AOZ、呋喃它酮代谢物 AMOZ、呋喃西林代谢物 SEM 和呋喃妥因代谢物 AHD，虾、蟹中呋喃西林代谢物 SEM 残留不作判定。

表 4-3　水产养殖用投入品非法添加物质检测指标

非法添加物质分类	检测指标
硝基呋喃类药物	呋喃唑酮、呋喃妥因、呋喃西林、呋喃它酮
氯霉素类药物	氯霉素、氟苯尼考、甲砜霉素
磺胺类药物	磺胺嘧啶、磺胺甲基嘧啶、磺胺间甲氧嘧啶、磺胺噻唑、磺胺甲恶唑、磺胺多辛
喹诺酮类药物	环丙沙星、恩诺沙星、洛美沙星、培氟沙星、诺氟沙星、氧氟沙星
其他药物	喹乙醇、三唑磷、伊维菌素、阿维菌素、孔雀石绿、五氯酚钠

目前，水产养殖有害物质检测主要采用液相色谱法、分光光度法、液相色谱-质谱联用法、酶联免疫法和毛细管电泳法等，通过抽样检测、对比判定限量值来确定产品是否符合标准，但这些方法在检测成本、周期、精度等方面仍有所局限，因此，开发一套简单、快速、准确的水产养殖有害物质检测方法尤为重要。

2. 使用拉曼光谱仪定性检测水产养殖中的有害物质

鉴于拉曼光谱技术的特点和水产养殖的生产需求，可将拉曼光谱仪作为智慧水产中的传感器使用，完善水产养殖数据采集流程，结合数据网络技术，可实现对水产生物生长质量的实时跟踪监测。使用拉曼光谱技术进行水产养殖有害物质检测，以水产品或水产养殖投入品为检测对象，检测其中有害物质的残留情况，具备普通有害物质检测方法所无法比拟的优越性。

在实际应用过程中，当拉曼光谱信号极其微弱时，常规拉曼光谱技术通常无法精确捕捉信号。表面增强拉曼光谱技术(Surface Enhanced Raman Spectroscopy，SERS)通过将目标分子和纳米增强基底相结合，利用纳米结构表面的局域电场增强样品的光学信号，可提高检测灵敏度。在表面增强拉曼光谱中，分子与纳米结构表面相互作用，使得分子的振动模式和极化模式受到表面电场的强烈影响，以此增强拉曼散射强度，显著提高目标分子的拉曼信号。SERS 的检测灵敏度比常规拉曼光谱技术高 10^6～10^{10}，因此可实现对物质的痕量检测。SERS 和增强基底的研究与发展弥补了常规拉曼光谱技术的不足，通过选择合适的纳米结构材料和表面修饰方法，SERS 可以检测微量物质，如单个分子、细胞和生物分子等，为检测物质的详细结构信息提供了重要支撑。

在水产养殖方面，SERS 可用于孔雀石绿、恩诺沙星、五氯酚钠、隐形结晶紫等有害物质的检测。根据检测需求创建有害物质拉曼光谱图库，确定物质本身的拉曼信号特征，将检测所得光谱与图库中对应的光谱进行比对分析，即可了解水产养殖检测样本中是否含有有害物质。在读谱过程中，应用神经网络算法可以取代人工读谱，自动判别有害物质。检测数据可以直接通过 SD 卡导出，也可以通过 WiFi、4G、5G 等无线通信方式传输到数据中心进行数据处理和反馈。

通过将检测结果实时上传至系统平台，可实现对物质光谱数据的高效管理，快速确认超标物质，以便及时开展生产调节。智慧水产养殖管理平台中的拉曼光谱检测界面，分为待处理检测报告和检测数据记录两个功能模块。其中，图 4-7 所示为待处理检测报告界面，检测项目、检测时间、检测结果和相应的光谱图谱都会在这里展示。在待处理检测报告界面中单击“处理”，即进入检测报告处理界面，如图 4-8 所示，用户在处理检测报告时可以记录检测池塘、检测人员、样品编号、样品类型、采样温度等信息，将这些数据与检测样品来源相对应，就可对检测样品数据进行精细化管理。图 4-9 所示为检测数据记录界面，可以查看检测累计数、检测项目、已处理的检测报告。已处理的检测报告包含的内容有检测项目、检测结果、检测时间、检测人员、检测池塘、样品类型、样品编号、采样温度和光谱图谱。用户可以选择检测项目或时间查看相应的已处理检测报告。

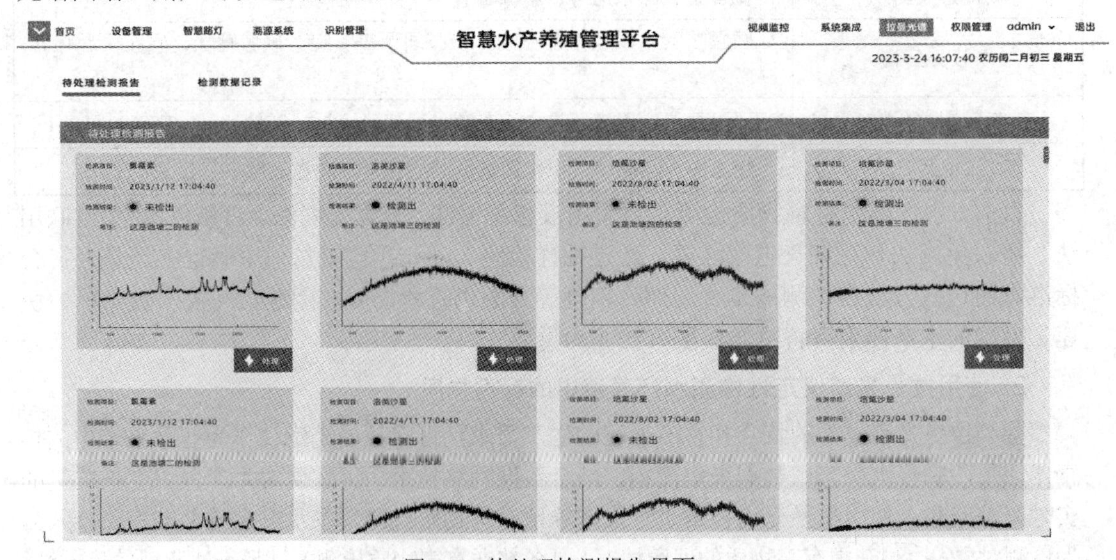

图 4-7 待处理检测报告界面

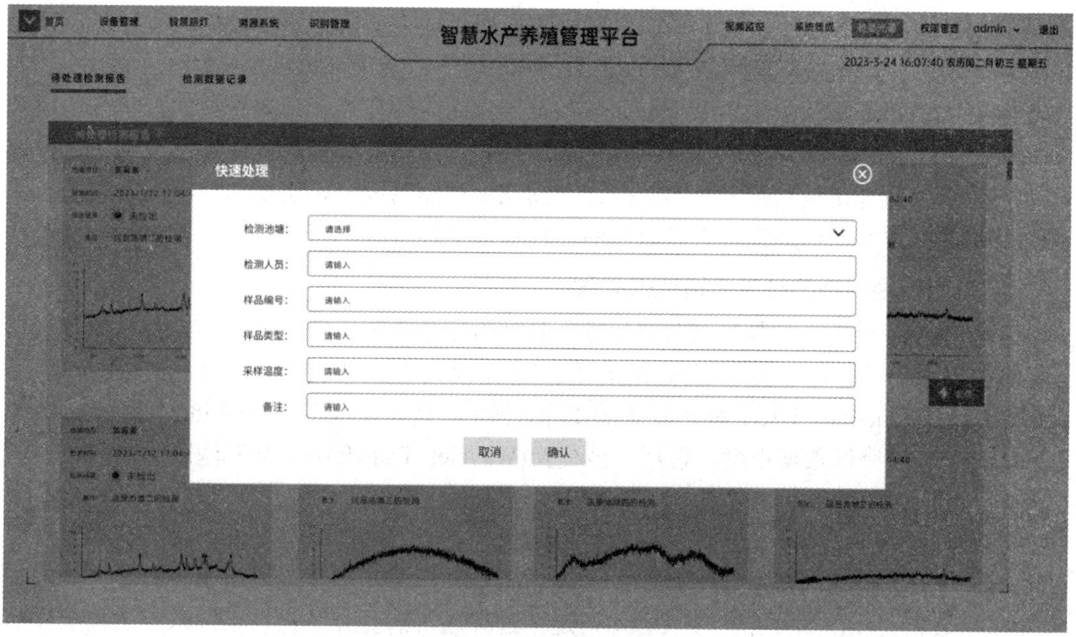

图 4-8　检测报告处理界面

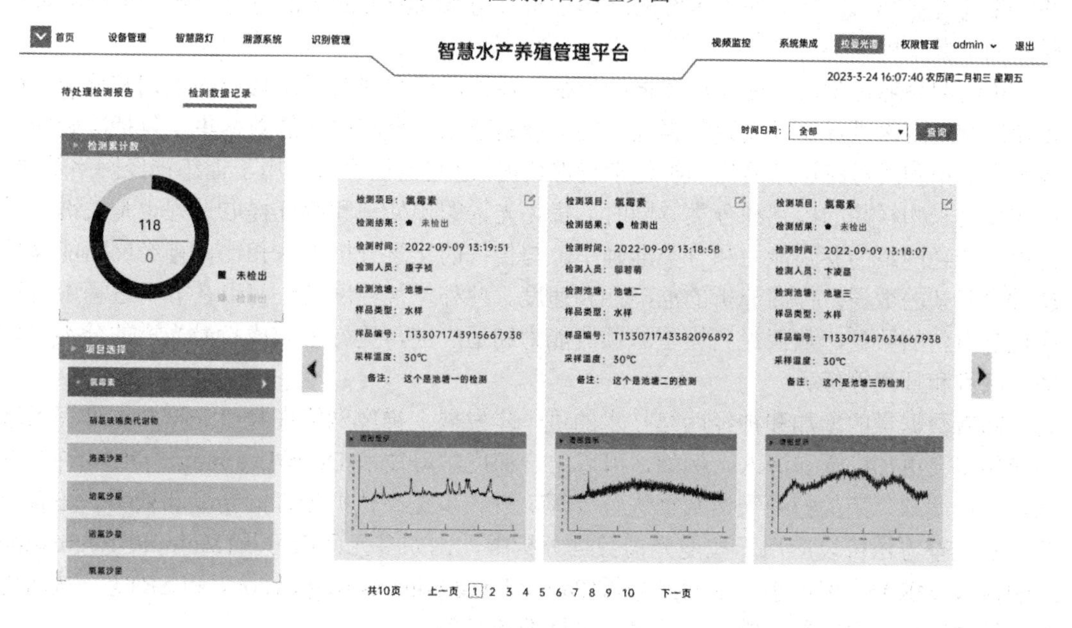

图 4-9　检测数据记录界面

4.2.3　拉曼光谱和神经网络在智慧水产中的综合应用

在智慧水产方面，拉曼光谱可以用于分析鱼类、贝类等水产品的成分和品质，检测养殖水体和水产品中的有害物质等，然而在实际应用过程中，使用拉曼光谱仪所得到的数据比较复杂，包含了大量的光谱特征，且受水产样品复杂性和测量条件等因素的影响，拉曼光谱数据往往会存在噪声干扰、基线漂移及信号重叠等问题，导致精度不高。因此，将拉曼光谱技术应用于智慧水产的相关研究时，需要对拉曼光谱数据进行处理，以提高信噪比和分析准确性，达到实际应用效果。

拉曼光谱特征复杂，包括多个峰和波长范围内的连续变化，使用传统的分析方法很难捕捉到这些复杂的特征。神经网络具有强大的模式识别、非线性处理能力以及泛化能力，可以识别、分类和定量化拉曼光谱数据，帮助确定样品的成分、质量和安全性。因此，神经网络成了处理水产样品拉曼光谱数据的一种有效工具。

1. 基于神经网络的拉曼光谱数据处理

神经网络可以用于拉曼光谱数据处理，包括数据预处理、数据分类和定量分析等。在具体的应用中，首先需要对拉曼光谱数据进行预处理，神经网络可以完成数据降维(Dimension Reduction，DR)、噪声滤除等工作，例如，使用主成分分析(Principal Component Analysis，PCA)降低数据维度，使用小波变换(Wavelet Transform，WT)滤除噪声和背景信号等。将预处理后的数据输入到神经网络中进行训练和分类，训练集可以包含多种样品类型，在训练过程中，逐步调整网络参数，不断优化神经网络的分类性能，最终分类器可以根据样品的光谱特征将其分类到相应的类别中。此外，神经网络可以用于将拉曼光谱数据与定量参数相关联，如样品浓度或含量，这个过程通常需要制备含有不同浓度的标准样品并测量其拉曼光谱，然后使用神经网络模型将其与未知浓度的样品进行比较，最终实现对样品的定量分析。

神经网络通过学习拉曼光谱数据的特征和模式，可实现对不同物质的识别和分类，所以使用神经网络进行拉曼光谱数据处理的关键是建立一个高质量的数据集，包括准确的拉曼光谱数据和所对应样品的物理和化学特性数据，这些数据集可以用于训练神经网络算法，以实现对未知样品的鉴别和分类。同时，优化光谱的预处理和特征提取过程也是关键，以此提高神经网络的鉴别能力和分类准确率。与传统的化学分析方法相比，神经网络能够处理大量复杂的数据，提高分析的准确性和速度。此外，神经网络还可以在分析过程中自适应地学习新的数据，从而提高模型的预测能力和适应性，更好地完成拉曼光谱的分类、聚类、降维和预测等任务。

随着数据量的增加和神经网络技术的进一步发展，神经网络在拉曼光谱数据处理领域的应用将会更加广泛和深入。例如，可以结合深度学习技术(Deep Learning，DL)和神经网络对高维度和复杂的拉曼光谱数据进行处理，进一步提高数据处理的精度和效率。还有一些信息处理方法可以应用于拉曼光谱数据分析中，比如多元回归分析(Multiple Regression Analysis，MRA)、偏最小二乘回归分析(Partial Least Squares Regression，PLSR)等，从而更准确地识别样品中的复杂成分，并建立更精准的模型。

2. 拉曼光谱和神经网络算法在智慧水产中的具体应用

拉曼光谱和神经网络算法结合应用在智慧水产方面可以实现对水产品质量、品种的快速、准确、非侵入性检测和鉴别，从而提高水产养殖生产的效率和质量。例如，利用拉曼光谱分析不同水产品品种的组织、肌肉和鳞片等成分的差异，结合神经网络算法建立的鉴别模型，可以实现对水产品品种的快速准确鉴别；通过拉曼光谱技术检测水产品中的营养成分、脂肪酸、氨基酸和微量元素等物质，结合神经网络算法分析样本的组成和含量，可以评估产品的品质和营养价值；利用拉曼光谱技术检测水产体内代谢产物、生理指标和病原微生物等成分，结合神经网络算法分析样本的特征和变化，可实现对水产健康状况的实时监测和预警，提高疾病防治效率；利用拉曼光谱技术检测水质中的生物、无机化合物和有机物等成分，结合神经网络算法分析样本的特征和变化，可实现对水产养殖环境的实时监测和污染源的追踪，保障水产养殖生态平衡和安全。此外，拉曼光谱和神经网络算法也可以应用于水产加工过程中的质量控制和过程优化，如检测水产制品中添加剂和污染物的含量、优化加工工艺参数等。

综合来看，拉曼光谱和神经网络算法的结合应用在智慧水产领域具有广阔的应用前景，它们的综合应用可以帮助养殖企业更好地掌握水产养殖过程中的各种信息，提高生产效率和产品质量，还将促进水产加工行业的发展和升级。

4.2.4　拉曼光谱技术在水产业的应用前景

拉曼光谱检测具有效率高、实用性强等特点，水产业也已经有了这方面的应用，且具有极大的应用发展空间。各种类型的拉曼光谱设备逐渐高精度化、小型化、便携化，实际使用也更为便利，但就目前而言，拉曼光谱技术在检测稳定性等方面的性能仍有待优化，主要包含以下几方面：

(1) 目前拉曼光谱技术通常用于对物质的定性分析，对于定量分析研究尚不深入，需要进一步研究建立拉曼光谱定量分析模型，应用于物质的快速定量分析，建立模型需要以大量的数据检测和分析作为支撑，并高度结合人工智能算法技术。现阶段拉曼光谱检测一般是通过人工进行采样、检测和识别，应着重研发具备实时在线检测和数据分析功能的在线拉曼光谱仪，进一步提高检测效率和准确度。

(2) 使用拉曼光谱技术检测水产品时需要采用光谱曲线拟合、滤波去噪等方法对杂散光进行抑制，否则会对光谱信号造成干扰，降低检测的准确性。除此之外，还要深入研究光谱信号提取技术，以便在发现微弱信号时也能够进行恰当处理，在这种条件下，拉曼光谱在痕量成分检测方面的应用也将获得进一步发展。在影响拉曼光谱散射强度的众多因素中，光学系统参数是极为重要的一种，因此，为使检测结果更为准确，需要设置合理的光学系统参数，进行系统模型优化。

(3) 随着拉曼光谱检测技术在水产业的应用场景不断丰富，标准光谱图稀缺的问题日渐凸显。为解决这一问题，需要不断补充、更新拉曼光谱数据库中的内容，确保检测时能找到相应的光谱图进行比对。此外，也要丰富拉曼光谱检测方式和指标，并对其检测稳定性进行优化，使其能适应不同的检测环境，从而进一步拓展应用范围。

(4) 国内将拉曼光谱技术应用于水产业尚处于起步阶段，实际检测应用并不多，多数院校及研究所仍在进行基础性研究，对于拉曼光谱仪等设备的研发能力不足，对技术应用推广造成了一定的阻碍。结合国内外先进设计经验，研发出实用性强、成本低廉的拉曼光谱设备并投入实际应用，是国内发展拉曼光谱技术的重点。

第 5 章　智慧水产信息传输

5.1　无线传感网络

无线传感网络是指由传感器节点自组织形成的分布式网络，负责汇集传感器获取的数据，是智慧水产中必备的传输网络之一。

1.无线传感网络的拓扑结构

无线传感网络的拓扑结构如图 5-1 所示，其中包含传感器节点(Sensor Node)、汇聚节点(Sink Node)和任务管理节点(Task Manage Node)。

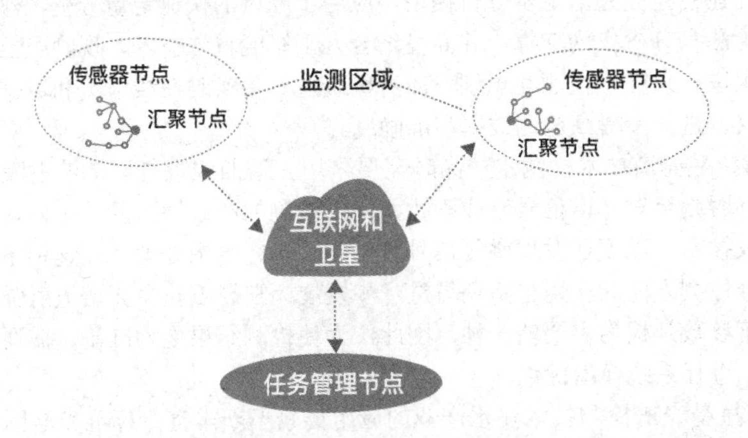

图 5-1　无线传感网络的拓扑结构

传感器节点可以看作是由传感、处理、通信、供能四个单元构成的小型嵌入式系统，可以完成较浅层次的信息存储、处理及传输任务，既是采集信息的终端，也是融合信息的路由器。汇聚节点主要负责转换通信协议，促进信息由无线传感网络向外部网络传输，因此该汇聚节点也是具有无线通信接口的网关。任务管理节点负责下达监测指令，分析处理传感器采集的数据。

2. 无线传感网络的特点

无线传感网络具有如下特点：

(1) 规模大。监测水产养殖业生产信息通常会使用较多传感器，在减少监测盲区的同时提高数据采集的准确性。

(2) 自组织。无线传感网络节点可以随意放置在监测区域内，各节点自行组网进行数据传输；当有传感器节点出现故障时，未发生故障的一些节点会自行接替完成监测任务。

(3) 易扩展。当某些传感器节点发生故障时，可以接入新的节点对其进行替换，也可以在原有网络基础上增加新节点，新、旧节点重新组网，不会影响监测系统的正常运行。

(4) 可靠性强。通过无线传感网络可以获取人工无法前往采集的数据，传感器节点对环境的适应性强，不会被轻易破坏，能够实现稳定监测。

(5) 不同类型的传感器功能各异。每一种传感器能够采集的数据类型有限，所以在组建无线传感器网络时，要以实际应用场景为依据加入具备相应功能的传感器，以达到使用目的。

5.2　LoRa

LoRa(Long Range)是一种长距离无线通信技术，在 433MHz、868MHz、915MHz 等频段运行，具有传输距离长、功耗低、节点多、成本低等特点。具体来说，LoRa 是通过线性调频扩频技术(Chirp Spread Spectrum，CSS)实现远距离、低功耗通信，其连接没有基站要求，还能通过一个网关控制大量节点，组网方式灵活，建设成本低，LoRa 也因此被广泛应用在智慧农业、智慧社区、智慧物流、智慧家居等众多行业，用来满足碎片化、低成本、大连接的物联网应用需求。

LoRa 网络由终端节点、网关、网络服务器、应用服务器四部分组成，其中，终端节点一般是各种感知设备；LoRa 网关充当 LoRa 网络中的一个传输中继；终端节点首先通过 LoRa 无线通信与一个或多个 LoRa 网关相连，再通过 4G/5G 网络等连接网络服务器，应用数据就可以双向传输。

5.3　NB-IoT

NB-IoT(窄带物联网)是基于蜂窝网络的物联网新兴技术，是 4G/LTE 网络的主要应用之一。作为低功耗广域网通信技术的一种，NB-IoT 具备如下五大优势：

(1) 部署方式灵活。NB-IoT 包含独立部署、保护带部署和带内部署 3 种部署模式，它们之间的频谱、带宽、时延、容量、兼容性等都有所差别。

(2) 覆盖能力强。NB-IoT 的覆盖能力比宽带 LTE 网络提升了约 20dB。

(3) 功耗低。在需要使用电池供电的情况下，NB-IoT 能大大延长设备的续航时长，甚至可让电池使用寿命长达 10 年之久。

(4) 海量连接。在相同的基站覆盖条件下，与 4G 相比，NB-IoT 的容量提升接近 100 倍，能够满足大量设备的联网需求。

(5) 低成本。NB-IoT 的功耗、带宽、速率都比较低，因此芯片设计相对简单，且其不需要另行建立运营商网络，RF 和天线均可再利用，由此实现了低成本运营。

在水产养殖领域，NB-IoT 常被用来构建智能化水产养殖监测系统，通过传输、汇聚传感器采集的信息来对养殖环境、水产生物状况进行实时监测，实现养殖管理自动化和水产生物异常的及时发现。在水产品运输管理方面，NB-IoT 也多被用来帮助生产者实时了解与产品运输环境等相关的信息，作为水产品溯源的其中一个重要环节。可以说，NB-IoT 完善了智慧水产的运行模式，提升了智慧水产的系统化、智能化水平。

5.4 WiFi

WiFi 是 IEEE 820.11 标准下的无线局域网技术，基于直接序列调制(Direct-Sequence Modulation，DSM)技术在 2.4 GHz/5.8 GHz 频段运行，它通过无线电波连接互联网，借助无线 AP 将宽带网络信号转发给无线网络设备，提供无线局域网服务。WiFi 对于构建大数据云服务平台、WLAN Mesh 组网、点对多点通信网络、异构网通信网络等至关重要，是物联网系统中必不可少的无线连接技术。

WiFi 网络的组成部分如表 5-1 所示。

表 5-1 WiFi 网络的组成部分

站点(Station)	WiFi 网络的最基础部分，其网络信号通过无线 AP 进行转发，信号覆盖范围内的无线设备即可连接 WiFi 上网。接入站点的用户数量对 WiFi 的连接速度有直接影响
基本服务单元(Basic Service Set，BSS)	由一个基站和若干个站点组成，BSS 内的站点之间直接通信，内部站点经由基站与外部站点通信
分配系统(Distribution System，DS)	与不同的 BSS 连接，通过必要的逻辑服务将匹配地址分配给目标站点
接入点(Access Point，AP)	是 BSS 内的基站，作用与网桥相似，可以接入分配系统
扩展服务单元(Extended Service Set，ESS)	由 BSS 和 DS 组成，BSS 通过无线 AP 连接到 DS，再连接另一个 BSS，由此构成了一个 ESS
门桥(Portal)	相当于网桥，连接无线局域网与其他网络，也是外部网络数据进入 IEEE 802.11 网络结构的途径

WiFi 的优势主要在于：

(1) 构建方便。不需要铺设电缆，配备一个或多个无线 AP 设备即可实现网络覆盖，大幅度降低了网络应用成本。

(2) 灵活性高。在无线网络信号覆盖区域，用户可以选择任意位置接入网络，扩大网络覆盖范围时只需要增加无线 AP 设备。

(3) 传输速率高。WiFi 能提供的最高带宽是 11 Mb/s，即使在信号强度不够的情况下也能通过自动调整带宽保证网络传输正常进行。

(4) 传输距离远。在开放场所，WiFi 的传输距离能达到 305 m，在封闭场所为 76～122 m，其信号不受墙壁阻隔。

(5) 辐射小。按规定，WiFi 的发射功率不超过 100 mW，实际上通常只有 60～70 mW，辐射较小。

由于 WiFi 通过无线电波接入互联网，其传输速率会因受到外部干扰而有所降低，遇到障碍物时也可能会出现网络不稳定现象，WiFi 网络安全多通过用户认证加密来实现，在这些方面与有线网络相比有所不足。

5.5 4G 和 4G Cat.1

1. 4G

4G 是第四代移动通信技术，以 WLAN 为发展重点并融合了 OFDM、MIMO、SDR 等技术，在通信质量、传输速率和兼容性等方面与 3G 相比有了明显提升，其传输速度可以达到 100 Mb/s，上传和下载的带宽可达到 50 M/s 和 100 M/s，兼容 2G/3G 及卫星通信系统、WLAN 接入系统等移动通信系统，通信环境更为安全、灵活，保密性更好，抗干扰能力更强，网络信号更稳定，可以完成大部分的数据传输任务，是云应用发展不可缺少的技术基础。

在水产养殖业，4G 作为信息传输载体发挥着关键作用。以云平台为中心，运用 4G 网络，采用无线方式可将水产养殖生产经营使用的智能终端联系起来，包括传感器、摄像头、大型农业设备、移动终端设备、展示平台等，可以实现水产养殖信息的采集、处理、分析和显示。由于 4G 具有高带宽的优点，可以更加快速、稳定地传输水产生产经营环节的数据，提高信息共享效率。将 4G 与人工智能结合，应用人工智能系统对水产生产经营状态进行自主判断，对生产管理操作实施自动调控，可提升水产养殖业发展的智能化、自动化水平。信息是智慧水产发展必不可少的资源，4G 为水产养殖业信息获取提供了重要的技术支撑，是推动水产养殖业转型升级必须具备的技术条件之一。

2. 4G Cat.1

Cat.1 是 4G LTE 网络的一个类别，全称是 LTE UE-Category1，其中，UE 指用户终端(User Equipment)；Category 指的是分类或类别。Cat.1 是用户终端所支持的传输速率的等级之一。终端速率等级划分如表 5-2 所示。

表 5-2 终端速率等级划分

UE-Category	最大上行速率/(Mb/s)	最大下行速率/(Mb/s)	3GPP Release
Category0	1.0	1.0	Release12
Category1	5.2	10.3	Release8
Category2	25.5	51.0	Release8
Category3	51.0	102.0	Release8
Category4	51.0	150.8	Release8
Category5	75.4	299.6	Release8
Category6	51.0	301.5	Release10

续表

UE-Category	最大上行速率/(Mb/s)	最大下行速率/(Mb/s)	3GPP Release
Category7	102.0	301.5	Release10
Category8	1497.8	2998.6	Release10
Category9	51.0	452.2	Release11
Category10	102.0	452.2	Release11
Category11	51.0	603.0	Release12
Category12	102.0	603.0	Release12
Category13	51.0	391.6	Release12
Category14	102.0	391.6	Release12
Category15	1497.8	3916.6	Release12

蜂窝移动物联网应用场景对网络容量的需求具有多样化的特点，大致可以划分为低、中、高三种类型，占比约为 6∶3∶1。其中占比 60%的低速率场景涉及路灯、智能停车、环境管理、市政设施等方面，一般由 NB-IoT、LoRa 进行数据传输；占比 30%的中速率场景包含智慧农业、工业传感器、智能家居、共享支付、物流管理等业务，通常由 Cat.1、Cat.4 进行连接；占比 10%的高速率场景，如视频监控、远程医疗、自动驾驶等，使用 5G 连接。

智慧水产属于智慧农业范畴，多为中速率连接场景，相比于传输速率，其对成本和网络稳定性的要求更高。Cat.1 的最大下行、上行速率分别可以达到 10Mb/s、5Mb/s，能够满足智慧水产的数据传输需求且不会造成带宽浪费。Cat.1 经过简单的参数设置即可接入现有 LTE 网络，系统集成度的提高使得模组硬件架构有所优化，由于大量厂商参与 Cat.1 模组制造，使得 Cat.1 在网络覆盖、芯片、模组等方面的成本优势更为突出，比 Cat.4 低 30%～40%，因此 Cat.1 比 Cat.4 更适用于智慧水产领域。

随着移动通信网络的代际升级，蜂窝移动物联网连接将由 NB-IoT、4G(含 LTE-Cat.1)、5G 共同承担。目前 Cat.1 已具备较为完善的网络设施基础，且国内尚未有技术可将其替代，因此 Cat.1 的应用前景广阔。

5.6 5G

5G 是第五代移动通信技术，在频谱利用、网络覆盖、数据传输、用户体验等方面优于 4G，其频谱效率高于 LTE 3 倍以上，每平方公里的设备连接数量可达到 100 万，峰值速率可以达到 10～20 Gb/s，网络通信时延低至 1 ms，用户体验速率达到 100 Mb/s。5G 与物联网的结合应用将会对社会生产生活产生巨大影响。

在智慧水产方面，5G 可以发展以下应用：

(1) 提升水产养殖业信息传输效率。利用 5G 网络传输水产养殖业信息可以显著缩短数据传输时间，提高数据传输的稳定性，为开展精准、智能的生产经营决策提供保障。

(2) 促进水产养殖生产设备智能化。5G 网络覆盖能为水产养殖业生产设备智能化提供强大的技术支撑，例如，农业机器人可凭借感知、导航和控制技术完成喂养、清洁等操作，5G 允许更多的机器人接入，还可以提高机器人接收系统指令的速度和精确度，提高自动化作业水平。5G 网络具有的高速率特性能够支持远程高清会诊和医学影像数据的高速传输与共享，专家能随时随地开展会诊，可提升水产疾病远程诊断的准确率和指导效率。

(3) 推动水产品销售模式转型升级。5G 通过提高水产品市场信息传播速度、促进信息共享、打破水产品销售的时空限制，推动以电子商务为代表的水产品销售模式发展，优化水产品管理、物流监管、基于大数据的消费行为研究等应用。

(4) 助力水产品溯源。利用物联网、无线通信、数据库、电子标签、GPS 定位、二维码等技术实现对水产品的双向追溯，可以让消费者了解水产品生产的具体情况，也可以为水产品质量安全监管提供便利。追溯过程会产生大量数据，由于受传统无线通信技术的限制，数据实时传输存在困难，以 5G 作为数据传输的媒介能够对数据进行高速率、低时延的传输，从而提高溯源效率。

(5) 延长水产养殖业产业链。运用 5G 技术发展观光水产养殖业，可优化养殖管理、游客服务方式，基于 5G 开展全景虚拟现实、AI 智慧游记等创新旅游体验活动，有助于吸引游客，促进水产养殖业的旅游经济发展。

第 6 章　智慧水产信息处理和应用

6.1　基于大数据的水产业

6.1.1　大数据与水产业大数据

1. 大数据

大数据指用一般技术难以进行管理的复杂数据集合，通常需要采用大数据技术对其进行加工处理，从规模庞大的数据中快速筛选出有价值的信息，从而挖掘出数据的利用价值。大数据的特征不能简单用“数据量大”来概括，种类多、变化快、价值密度低等也是它的突出特征，这也是常规技术和软件不能进行大数据处理的原因。具体来说，大数据具有以下特点：

(1) 大量(Volume)。大数据来源多，数据体量大，且始终在大规模增长，PB、EB、ZB等是其常用的计量单位。

(2) 多样(Variety)。互联网和物联网带动不同应用系统和设备的发展，同时也创造了更多的数据来源，如传感器网络、社交媒体、网络日志等，产生了新型多结构数据。按结构形式可将大数据分为三类，即结构化数据(如财务系统数据、医疗系统数据等)、半结构化数据(如 HTML 文档、网页、邮件等)、非结构化数据(如日志、视频、图片等)。

(3) 高速(Velocity)。高速是数据增长和处理的特征，网络时代数据高速增长已是必然趋势，大数据对数据处理速度也有更为严格的要求，通常需要在数秒内得出数据分析结果。

(4) 价值密度低(Value)。在大数据中真正有价值的数据仅占很小一部分，价值密度低，大数据应用的关键则在于最大限度发挥这部分数据的价值，使其服务于实际应用。

随着计算机技术、信息技术、现代网络技术等的快速发展及应用泛化，各行各业所产生信息的数量在急剧增加，且包含数字、文字、视频、音频等多种形式，将有价值的数据从这些信息中分离出来并应用于现实生产管理，是大数据研究的关键目的。

2. 水产业大数据的来源

水产业大数据涵盖从水产业生产源头到水产品销售的全部有关信息，包含各类物联网时序数据、关系型业务数据、电子地图数据等，对水产业大数据进行采集、处理，挖掘其实用价值，可以为水产业发展中的问题发现、趋势预测、决策指导提供服务。水产业大数据主要来源如下：

1) 水产业生产数据

水产业生产数据是指水产养殖企业在实际生产过程中所产生的数据，包括养殖品种、水质环境、养殖密度、饲料用量、生长情况、产品产量等，这些数据可以通过传感器、摄像头等监测设备获得，能够反映水产养殖的实际生产情况和影响生产效率的各种因素，应用这些采集到的数据可以对水产养殖的生产过程进行实时监测和控制。

2) 水产业市场数据

水产业市场数据是指水产品流通过程中所产生的数据，包括水产品的供应量、需求量、价格变动、销售渠道、市场份额、物流情况等，这些数据主要来源于企业内部的销售管理系统以及第三方物流公司提供的数据，可以反映水产品在市场上的销售情况，帮助企业进行销售预测和调整销售策略，提高市场竞争力。

3) 水产业政策数据

水产业政策数据包括各类政策法规、统计数据、行业标准、环境指标等，这些数据主要来源于政府部门和行业协会，可以反映水产养殖企业在法律法规、环保标准等方面的遵从程度，为企业提供政策指导和风险管理服务。

4) 水产业科研数据

水产业科研数据是指通过科学的方法和手段，对水产生物和水产养殖技术等领域进行研究所获得的数据，包括渔业相关科研机构、学术期刊、会议等发布的水产领域的水产养殖技术研发、新品种引进、行业标准规范、水产疫病治理等相关数据。水产业科研数据可以为水产生产提供科学建议，为水产业向现代高科技产业转型提供支持。

5) 水产业舆情数据

水产业舆情数据包括消费者评价、社交媒体数据等，这些数据主要来源于企业内部的消费者反馈平台、第三方消费评价网站、微博、微信等平台，可以反映消费者对于水产品的需求、看法和喜好，帮助水产生产企业更好地了解消费者，提高产品质量和服务水平，同时也可以通过社交媒体进行产品宣传和品牌推广，提高企业知名度和市场占有率。

总的来说，水产业大数据来源多种多样，覆盖了生产、市场、政策和评价等多个方面。通过采集和分析这些数据，可以帮助水产生产企业开展业务决策、产品研发、市场调研、质量监管、环境保护等方面的工作，提高产业的效益。

3. 水产业大数据的应用

水产业大数据是基础，分析挖掘是核心，数据应用是目的。水产业大数据的应用可以涉及多个方面，包括但不限于以下几个方面：

1) 养殖环境监测和分析

通过安装传感器、监控设备的方式对水温、浊度、酸碱度、溶氧、氨氮等环境指标进行实时监测和数据采集，结合分析软件对数据进行处理和分析，可实现对养殖环境的实时监控和异常预警，为养殖业精细化管理和优化决策提供支持。

2) 养殖品种识别和品质评估

利用计算机视觉、人工智能等技术手段，对水产养殖场的图像信息进行识别和分析，可实现对不同品种的识别和分类，同时还可以通过图像处理和数据挖掘等技术手段，对养殖品质进行评估和预测。

3) 养殖风险评估和预警

通过对大量历史数据和实时数据的分析和比对，利用机器学习和深度学习等技术手段，可对水产业的风险进行评估和预测，提供更加精准的风险管理手段和决策支持。

4) 供应链管理和溯源追溯

利用物联网、RFID 等技术手段对水产养殖、加工、运输、销售等环节的信息进行实时监控和数据采集，结合区块链等技术手段，可实现对整个水产品供应链的追溯和管理，提高水产品的质量和安全性。

大数据可以为水产业带来更加精细化和智能化的管理和决策支持，在提高水产品质量、安全性的同时，也能为水产业的可持续发展提供有力保障。在数据的实际使用过程中，可以根据实际需要建设大数据系统，如水产养殖大数据管理系统、水产品销售大数据系统等。随着物联网、大数据、人工智能等技术的不断发展，大数据在水产业中的应用前景也将更加广阔。

6.1.2 水产业大数据系统

水产业大数据系统是一个用于收集、存储、处理和分析水产业相关数据的系统，是帮助生产者提高水产品质量、了解市场动态、优化生产流程的工具。水产业大数据系统主要包括以下组成部分：

1. 数据采集模块

数据采集模块负责通过传感器、摄像头、个体标签、计算机等设备采集水产业生产、市场、政策、科研、舆情等水产产业链上的数据，这些数据是构成水产业大数据系统的基础。在采集数据的过程中需要扩大信息数据范围，可以通过交换、共享数据资源消除信息孤岛，构建全面的数据资源。

2. 数据存储模块

数据存储模块负责将采集到的数据存储在云服务器或本地服务器中，由于水产业涉及的数据广泛而复杂，且大多是实时采集的连续性数据，因此需要建立性能高、容量大的数据存储系统。数据存储模块还要支持数据的快速检索和查询，以便进行管理、分析和处理，同时还要具有数据备份和恢复功能，以确保数据的安全性。

3. 数据处理模块

数据处理模块负责对采集到的数据进行预处理、清洗、转换、挖掘，并对数据进行统计和进一步分析，提取相关特征，并利用机器学习、人工智能等算法，对数据进行建模和预测，实现对水产业各环节的精细化管理，帮助生产者预测生产趋势、快速发现问题并及时处理。

4. 数据应用模块

数据应用模块负责将数据分析结果以图表、地图等形式进行展示，通过调取不同的业务处理接口，可以呈现相应的数据分析和查询结果，以便相关企业和政府部门等能够直观了解水产业的状况和发展趋势。用户可以按需求检索信息，获取养殖监管、产量估计、风险预警、疾病防控、市场预测等服务。

水产业大数据系统的优点在于能够实时、准确监测和分析生产环节中的各种数据，并根据数据结果制定生产管理方案，从而优化生产流程、提高生产效率和增加盈利。通过大数据系统的实时监控和分析，生产者能够及时发现生产过程中的潜在问题，采取相应措施减少或避免损失。在实际设计使用过程中，水产业大数据系统需要根据水产业的需求和数据特点进行设计，同时考虑系统的可扩展性、可靠性和安全性等因素，通过数据加密、访问控制、权限管理、数据备份等方式保障数据安全和系统的稳定运行，以真正满足水产业生产者和管理者的需求。

6.1.3 水产业大数据的发展挑战与展望

目前，行业对水产业大数据的研究和应用刚刚起步，还没有成熟的应用案例可以研究参考。水产业数字化、智能化发展是行业转型的必然要求，大数据在这个过程中提供了关键驱动力，政府、科研院所和行业企业的共同参与，将使水产业大数据发展进入一个新阶段。

1. 水产业大数据的发展挑战

1) 高质量数据有限

国内水产业主要以中小型企业和散户为主，养殖规模小，生产管理手段粗放，不注重数据采集和应用。在物联网技术兴起和发展过程中，水产业对数据采集的重视程度逐渐提高，出现了各种类型的数据采集应用平台，但由于缺乏统一标准，导致数据采集存在明显的不全面、不规范问题，对数据采集、传输、清洗、融合、存储过程缺乏专业处理，造成数据的准确性、实用性不足。

2) 数据共享程度低

水产业数据复杂，养殖环节的数据只是其中的一部分，水产业大数据应用需要采集产业链上所有环节的数据，但往往不同的数据掌握在不同主体手中，且他们之间难以进行数据共享。再加上不同来源的数据格式不同、质量不一，数据之间的连接也不便捷，数据整合难度大，导致数据共享难度加大。

3) 数据应用人才不足

大数据及其相关产业蓬勃发展，但在应用到细分行业时，还需要同时具备大数据和行业应用技能的人才提供支持。目前，这类综合性人才极其缺乏，尤其是在农业领域，再加上人才培养周期长，水产业大数据所需的人才供不应求的局面还将持续较长时间。

2. 水产业大数据的发展展望

随着采集范围的扩大和相关技术的创新发展，水产业大数据数量将会规模化增长。水产业大数据标准和水产业大数据应用相辅相成，水产业大数据标准的制定有助于提高水产业大数据应用的质量，而水产业大数据应用的不断涌现也必将加快水产业大数据标准的制定。水产业大数据标准主要包括设施设备标准、数据采集标准、数据处理标准等。随着水产业大数据标准的制定，数据质量和规范化程度将得到明显提升，数据的安全保护、安全风险评估、合规性监管也会逐渐加强。

在数据共享方面，只有打通政府部门、行业企业和研究机构之间的共享渠道，才能逐步消灭信息孤岛，使水产业大数据价值最大化。要实现数据共建共享，保证数据的多样性和全面性，需要政策、技术等多方面力量的支持。不同领域共同开展合作研究和创新，政府部门制定政策来鼓励水产业数据共享；行业协会和行业企业、专家共同探讨，研究水产业大数据共享的解决方案，通过建设统一的水产业大数据平台，集成来自不同来源的数据，并提供可视化、智能化的数据分析和应用服务，将会开创水产业大数据共享的新局面。

产业化应用是技术研发的目的，推进产业化应用一方面需要加强综合性人才培养和技术创新，另一方面也要打造标杆应用，通过典型案例带动水产业大数据的应用拓展，并在推广过程中对相关技术进行持续优化，让行业从业者进一步了解和认知水产业大数据的价值和作用，进而提升应用推广效率。

水产业大数据能为水产业生产者和决策者提供前所未有的数据洞察和决策支持，其发展是机遇与挑战并存的过程。随着水产业高质量数据积累、从业人员素质提高、数据共享范围扩大以及物联网、大数据、人工智能等技术创新，基于大数据的水产业管理、决策、创新应用将得到快速发展，水产业大数据终将成为水产业的核心竞争力之一。

6.2 云 计 算

云计算是一种基于互联网的计算方式，涉及的关键技术包括虚拟化、软件定义、分布式存储、网络技术等。云计算能够实现数据的分布式协同处理，计算资源统一存储在可配置的共享资源池内，用户通过网络获得资源使用权，按需使用，按量付费。

使用灵活是云计算的一个突出特征，“云”提供硬件、软件、存储、网络等服务，资源可以快速开通和部署，且能随业务需求弹性增减，不需要预留。云计算的另一个特征是性价比较高，它以资源租赁取代资源建设，用户只需要为实际使用的资源付费，避免了冗余资源投入；对云资源的管理和维护由云运营商负责，减少了资源维护成本。在安全性方面，云服务安全由云运营商和云租户共同维护，各自的安全责任通过法律声明或服务合同进行明确界定。

6.2.1 云计算的三种部署模型

云计算能为用户提供高效的数据存储、计算与分析服务，它主要通过不同的部署模型来满足多样化的需求。云计算的三种部署模型分别是公有云、私有云和混和云。

1. 公有云

公有云(Public Cloud)的 IT 资源由第三方服务商配置，用户可直接使用公有云上的应用程序和服务，无需投资建设，也不用担心设施维护问题，典型的公有云服务商有微软、谷歌、亚马逊、阿里巴巴等，常见应用案例包括在线教育、视频网站、云游戏、云存储等。公有云的不足之处主要体现在安全性方面，用户将数据交由外部存储，一定程度上增加了安全风险，且公有云不受用户管理，系统可用性难以控制。

2. 私有云

私有云(Private Cloud)的 IT 资源由用户自行配置，访问用户有限，服务内容可根据实际需求进行调整。私有云的内部部署有效保障了数据安全，系统可用性由用户控制，服务质量较高，多用于大型企业内部和政府部门，但是私有云的建设成本较高，其严格的安全保障也可能会给远程访问造成一定的阻碍。

3. 混合云

混合云(Hybrid Cloud)集公有云和私有云于一体，既能够实现资源弹性伸缩和快速部署，也能保障安全性能，用户通常使用公有云的计算资源，而将关键业务放在私有云上运行。混合云常用于灾备、软件开发、文件存储等方面。

目前，国内云计算正处在高速发展的阶段，与公有云相比，私有云在数据安全性、服务稳定性、部署灵活性、资源利用效率等方面均具有优势，但是所需前期投入远多于公有云，公有云凭借成本优势已成为云市场的主导。随着用户对数据安全、应用开发、部署成本等要求的变化，多个云的综合应用，尤其是混合云将有望成为用户的主流选择。

6.2.2　云计算的三种服务模式

按云计算所提供服务的具体内容划分，其服务模式可分为以下三种：

1. IaaS

IaaS(Infrastructure as a Service，基础设施即服务)是指云服务商提供存储、网络、服务器、虚拟化技术等设施，软件开发平台和应用软件则由用户自行开发。目前，国内 IaaS 服务模式已相对成熟，逐渐取代传统的 IT 市场向用户提供 IT 技术服务，在行业内仍有较大的发展空间。AWS(Amazon Web Services)和微软在全球 IaaS 厂商中居于领先地位，已形成规模效应，具有中小厂商所不具备的运营和资金实力，国内的新兴 IaaS 厂商在市场云需求扩大、用户对 IT 基础设施个性化要求提高的形势下，通过不断的技术创新，仍可谋求一些发展机会。

2. PaaS

PaaS(Platform as a Service，平台即服务)是指云服务商为用户提供开发环境和管理平台支持，如系统管理、数据挖掘等，应用软件由用户自行开发。PaaS 又可分为 aPaaS(应用开发平台即服务)、iPaaS(集成平台即服务)两类。其中，aPaaS 介于 PaaS 和 SaaS 之间，它是从应用和数据层面入手，通过模块组合实现应用搭建与部署，降低应用开发门槛；iPaaS 介于 PaaS 和 IaaS 之间，它是从虚拟主机和数据库层面入手，通过 API 接口整合多平台应用，可联通系统数据和功能，减少软件之间的壁垒。

3. SaaS

SaaS(Software as a Service，软件即服务)是指云服务商提供应用软件，用户按需求在线租用基于 Web 的软件服务，并支付相应的费用，具有初始费用低廉、使用方便、升级成本低等优点，广泛应用于数据分析、经营管理、办公沟通等领域。SaaS 在国际云服务市场上占主导地位，国内的软件云化趋势也日渐明显，并形成了 SaaS 业务盈利模式，提高了软件的附加值。

作为分布式的计算、存储技术，云计算弥补了传统 IT 架构的不足，行业数字化发展也将催生更多的云计算应用。综合考量安全性、运行模式、成本收益等因素，数字化领域将形成以云计算为主、云计算和传统 IT 架构并行的发展状态。

6.2.3 云计算在水产业中的应用

云计算技术结合物联网技术可以对水产生产过程中的各种数据进行分析处理，例如，通过安装传感器监测水质环境、生物生长等信息，并将这些数据上传到云端进行处理和分析，养殖户就可详细了解水产品生长情况，并不断对生产管理过程进行优化和调整；云计算技术结合大数据技术，能够对水产生产过程中的各种情况进行预测和预警，提前发现潜在风险，例如，通过对水质、生物动态等数据进行分析，可以预测鱼类疾病的发生，从而提前采取措施，防止发生大规模死亡现象；云计算技术结合大数据技术还可以对水产品的质量、产量、市场需求等信息进行分析，为企业营销策略的制定提供依据，例如，通过云计算和大数据技术了解消费者的偏好和购买行为可帮助企业制定更加精准的营销方案。

6.3 边 缘 计 算

6.3.1 边缘计算概述

物联网产生的海量数据被在利用之前必须进行处理，这些数据通常被传输到云计算中心，由云计算中心对其进行集中存储和计算。随着物联网应用领域的不断拓展，物联网设备急剧增加，数据大幅增长，在网络带宽、传输时效性、异构接入等方面产生了新的需求，如果仍将物联网数据统一传输到云计算中心进行处理，就容易出现网络拥塞、系统延迟等问题，在智能性、实时性、稳定性、安全性等方面有着许多不足。为弥补云计算的这些不足，边缘计算(Edge Computing，EC)应运而生。

边缘计算实际上是一种分布式计算方法，它将网络、计算、存储、应用等服务功能从网络中心转移到网络边缘，减少了业务的多级传递，大量物联网设备可以协同开展工作。边缘服务器靠近终端设备，相当于在数据源附近进行计算分析和处理，这样就能在很大程度上减少数据传输量，降低服务响应时延且增强网络效能。综合来看，边缘计算主要具有低时延、节省带宽、安全性和隐私性高的优点，目前多应用于智能制造、智慧城市、车联网等领域。

6.3.2 引入边缘计算的智慧水产

智慧水产包含感知层、传输层、处理层、应用层四层架构，在智慧水产中引入边缘计算，能够使其中的每个边缘设备都具备数据采集、传输、处理、计算能力，从而实现快速接入异构设备、及时响应服务要求等功能。智慧水产与边缘计算结合，主要是将边缘服务层加入感知层与传输层之间，物联网感知设备采集的信息先交由边缘服务器进行初步处理，接着通过无线传感网络、移动通信和互联网传输到云计算中心开展后续处理，最终实现 APP 端和 Web 端的智慧水产应用。引入边缘计算的智慧水产架构如图 6-1 所示。

随着物联网终端设备的增多及其类型多样化，通常会存在一些设备的通信接口无法联网、设备组成内部无线局域网而不能兼容外部设备等问题。要解决这些问题，满足网络容量和非同类设备的连接需求，就需要使用智能网关(Gateway)，智能网关的外形如图 6-2 所示。在引入边缘计算的智慧水产系统中，智能网关用于实现边缘计算，从而保障整个系统的正常运行。

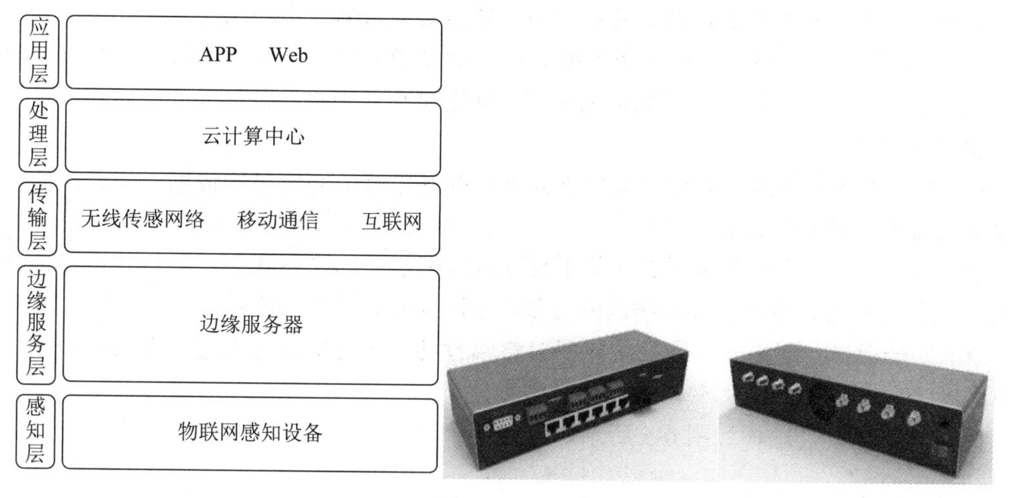

图 6-1　引入边缘计算的智慧水产架构　　　图 6-2　智能网关外形

智能网关由硬件和软件组成。其中，硬件部分通常包含 CPU 模块、以太网模块、4G/5G 模块、WiFi 模块、CAN 模块、串口模块和电源模块等。智能网关硬件结构如图 6-3 所示。

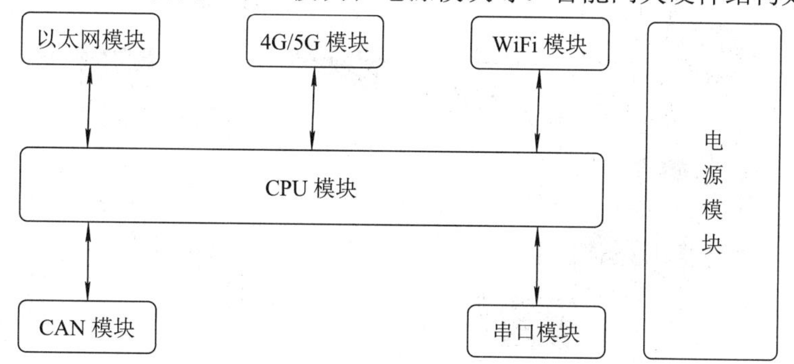

图 6-3　智能网关硬件结构

智能网关软件部分由 Linux 系统、库函数(Library Function)、协议解析程序、数据融合程序、通信网络程序、设备管控程序等组成。智能网关软件架构如图 6-4 所示。

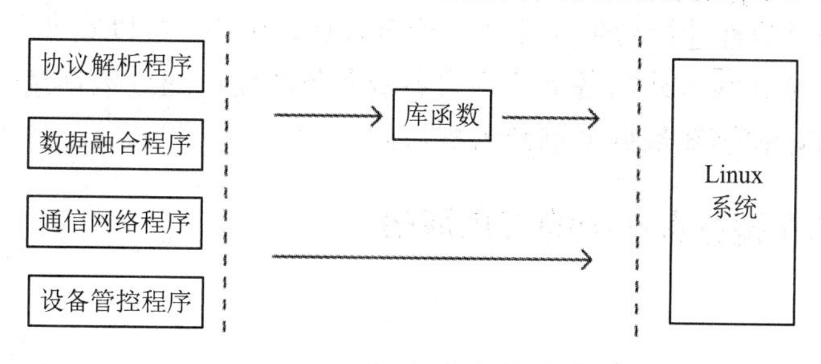

图 6-4　智能网关软件架构

具体来说，智能网关的核心功能和优势主要体现在以下几个方面：

(1) 提供网络。智能网关可以为物联网终端设备提供通信网络，通常支持蓝牙、ZigBee、LoRa 等无线通信功能，支持 4G、5G、WiFi、GPS、北斗等网络接入，具有 RS485、RS232 等以太网接口，从而满足大量设备同时接入网络的需求。

(2) 数据采集。智能网关内置庞大的协议栈，具有强大的接入能力，可以实现各种通信技术标准之间的互联互通，通过协议自适应解析实现数据采集功能。

(3) 数据处理。智能网关在采集数据后，可对这些来自不同设备的数据进行预处理和融合分析，且由于智能网关可以通过网关本身而不是在云中执行数据处理，因此还可以减少数据损耗和延时。

(4) 数据上传。智能网关通过数据预处理可筛选出有用的信息传输到云平台，由此减轻数据传输和计算的压力。

(5) 设备管控。智能网关可在采集了物联网终端设备的网络状态、运行状态等信息后上传至云计算中心，从而实现对物联网设备的实时监控、诊断和维护。

(6) 安全保障。连接到网络的传感器等终端设备容易遭受外界入侵，而智能网关可以采用加密算法对数据进行加密，从而维护数据安全。

智能网关的功能结构如图 6-5 所示。

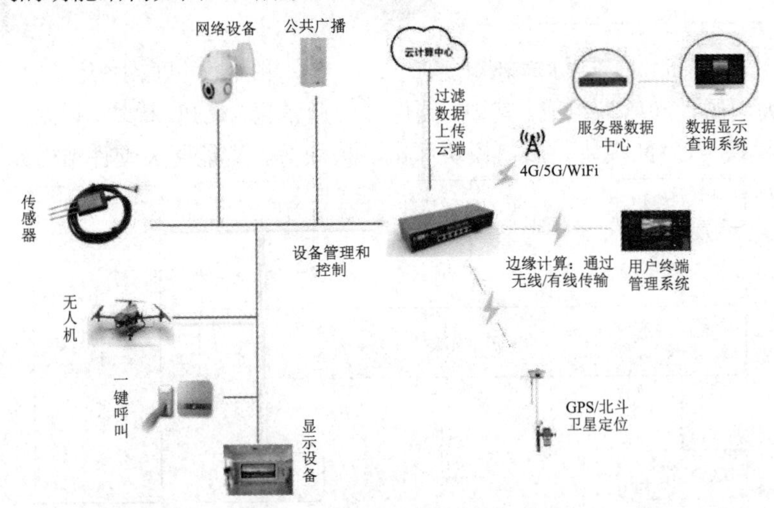

图 6-5 智能网关的功能结构

智能网关接入感知网络，在获取传感器、无人机等传感器节点的数据后，对这些传感器节点进行管理和控制，并通过协议转换实现数据在局域网、互联网等不同网络之间的交互；通过智能网关对数据进行初步处理后上传至云计算中心，可以实现对数据的云化管理；智能网关通过有线或无线方式与各类应用设备或系统相连，通过数据接收、提取、发送的过程实现数据转发，使感知数据得以被远程访问。

6.3.3 边缘计算在智慧水产中的应用展望

1. 边云协同

边云协同指的是分布式的边缘计算和集中式的云相互协同，共同进行数据处理，其中，边缘计算主要为本地业务处理提供实时数据分析、智能化决策等支持，云计算则支撑全局性业务处理。在智慧水产应用中，可以利用边缘计算在数据源附近对数据进行过滤、清洗，再传送到云计算中心开展进一步处理，以减轻网络负担，提高传输效率。边缘计算和云计算在网络、应用等方面的协同将支撑智慧水产创造更大的价值，加快推进水产养殖业转型升级。

2. 融合 5G

边缘计算与 5G 相辅相成，两者的融合发展有助于实现更为广泛的物联网应用。一方面，应用边缘计算能够解决 5G 应用存在的部分问题，例如，eMBB 要求网络带宽达到数百 Gb/s，网络传输压力大；mMTC 将进一步增加数据量，云计算中心无法完成对如此大规模数据的处理；uRLLC 要求端到端的时延低至 1 ms，仅依赖现有传输技术难以满足该时延需求。边缘计算通过将应用程序转移至边缘运行，对部分数据进行初步分析，为云计算中心承担部分工作，可以减小网络传输压力，缩短因数据传输速度和带宽限制产生的延时。

另一方面，因为边缘计算能够赋能 5G，所以在技术、资金等资源大量投入促成 5G 商用的同时，边缘计算也将借此机会获得部分发展。此外，5G 是物联网关键技术之一，5G 技术进步将催生更多的物联网应用，数据量也会有所增长，边缘计算用于处理数据的需求也随之增加。

在智慧水产领域，虽然目前 5G、边缘计算在该领域的应用很少，但可以预见的是，随着我国水产养殖业规模化、标准化程度的加深，5G 和边缘计算将更多地应用在智慧水产领域，作为技术动力推动智慧水产发展。

3. 边缘智能

智慧水产涉及各种各样的终端设备，网络协议复杂，异构性明显，且不同智慧水产应用的设备分布、数据处理需求等各不相同，边缘计算在应用于发展智慧水产的过程中，将与人工智能、深度学习等技术相融合，提升实时响应、数据处理、安全保护等方面的能力，从而促使其在智慧水产领域的应用持续优化。

6.4　人工智能与水产养殖

人工智能(Artificial Intelligence，AI)是对人类思维进行模拟、延伸和扩展的科学技术，它是在人类智能活动规律基础上，研究智能理论和方法，开发智能技术和应用，以代替人的智力活动来解决实际问题的。目前人工智能的研究成果包含机器视觉、专家系统、神经网络、图像识别处理等技术。

人工智能技术在水产养殖智能化过程中具有不可替代的作用，人工智能技术可以在物联网、大数据提供的海量数据基础上，开展进一步的数据分析和规则学习，最后得出判断结果，还可以通过不断学习优化判断机制，提高预测准确性和应用效果，为水产生物生长管理、智能化设备控制、养殖管理决策等提供辅助，从而提高生产效率并减少资源浪费。

目前，人工智能在水产养殖领域的应用主要体现在环境分析、投喂管理、生长调控、病害诊断、风险预测等方面。人工智能水产养殖应用逻辑框图如图 6-6 所示，人工智能在水产养殖领域的应用包含数据采集、传输存储、人工智能处理的过程，最终实现环境分析、投喂管理、生长调控、病害诊断、风险预测等方面的决策应用。与在工业等领域的应用相比，人工智能技术在水产领域的应用相对较少，且大多还未成熟，这与水产养殖本身的特性有很大关系。水环境对摄像头采集图像造成了较大的阻碍，一方面，水产养殖水体受水质环境、光照条件等因素影响，能见度较低，导致摄像头难以采集清晰图像，视觉效果不佳；另一方面，水产生物随机活动频繁，较难捕捉符合应用要求的准确画面。尽管如此，人工智能仍是实现水产养殖信息处理和决策管理等应用的高效技术方法。

图 6-6　人工智能水产养殖应用逻辑框图

6.4.1　机器视觉

机器视觉(Machine Vision，MV)是人工智能的一个重要组成部分。它指的是以机器取代人眼和大脑进行观察和判断，使用各种图像处理和模式识别算法来模拟人类的视觉系统，从而自动识别、分析和理解图像信息，是一种综合应用了计算机科学、图像处理、模式识别等多种技术的复合性技术。机器视觉的实现流程是使用摄像设备获取目标图像；将这些图像传送至图像处理系统进行处理，得出目标对象的形态信息(包括大小、形状、颜色、动态等)；进一步结合边缘检测、特征提取、目标定位和识别、图像分割、三维重建等智能算法，实现自动决策和控制等应用。

1. 机器视觉系统的构建

要构建一个完善的机器视觉系统，主要涉及以下方面：

(1) 图像获取：使用相机或传感器采集图像数据。

(2) 图像预处理：对采集到的图像进行去噪、增强、校正等处理，以便进行后续的识别和分析。

(3) 特征提取：对预处理后的图像进行特征提取，包括颜色、纹理、形状等特征。

(4) 目标识别：通过机器学习算法和模式识别技术，对特征进行分类和匹配，从而实现对目标的识别和定位。

(5) 目标跟踪：根据目标的运动轨迹，利用预测算法实现目标的跟踪和预测，针对不同的场景和应用需求不断进行算法优化和改进。

(6) 目标检测：检测图像中存在的目标物体，并对其进行分类和识别。

(7) 三维重建：基于多个二维图像，通过三维重建算法，恢复目标的三维模型。

结合以上内容即可构建一个完整的机器视觉系统，它包括硬件设备、软件开发工具、算法库、人机交互界面等，能够采集、处理和解释图像数据，实现自动化识别、分析和控制。

可见，机器视觉技术的发展离不开深度学习、计算机视觉等技术的支持。深度学习技术通过卷积神经网络等模型实现图像特征的自动提取和模式识别；计算机视觉技术包括了图像处理、图像分割、目标检测、目标跟踪等一系列技术，能够实现对图像的高效处理和解析，提高机器视觉系统的性能和精度。

目前，机器视觉在工业生产、医学、安防等领域都有广泛的应用。在工业生产中，机器视觉技术广泛应用于自动化生产线、安全监控、质量控制、产品检测、智能仓储等方面；在医学领域，机器视觉技术主要用于医学影像分析、细胞分析、基因识别等方面；在军事和安全领域，机器视觉技术则用于目标检测、目标跟踪、情报分析等方面。机器视觉的应用优势主要在于非接触式图像采集，不会对操作对象造成干扰和损坏；其次，机器视觉的硬件系统结构简单，仅包含摄像头和专用处理模块，应用成本较低，尤其在大量应用时成本优势更为明显。

2. 机器视觉在水产养殖中的应用

在水产养殖领域，机器视觉的应用主要包括以下几个方面：

1) 水产生物数量统计

水产生物数量统计的基本流程：采用摄像头采集水产生物群的图像；使用图像处理算法对图像进行预处理，包括图像增强、噪声去除、图像分割等；使用特征提取技术，从图像中提取出水产生物的轮廓、颜色等特征；使用机器学习算法，比如支持向量机、神经网络等，对提取出的水产生物的特征进行分类和识别；最后统计出水产生物的数量。通过机器视觉技术可以实现对水产生物数量的自动统计，减少人工计算的工作量，提高工作效率和准确性。

2) 水质监测

水质监测的基本流程：将分辨率高、色彩还原度好、能适应光照条件的摄像头安装固定在养殖场的水池边缘，确保摄像头稳定且视野清晰，且与计算机、手机等设备相连接；利用图像处理技术对图片进行处理；利用算法对温度、pH 值、浑浊程度等水质监测信息进行分析；将分析结果与标准值进行比对，从而实现对养殖场水质的实时监测和对异常的及时处理，保障水产生物正常生长，避免因水质问题给水产养殖造成损失。

3) 水产生物病害诊断

水产生物病害诊断的基本流程：以视频或图片形式采集疑似患病的水产生物的图像数据；对这些图像数据进行图像增强、噪声去除、分割等预处理，提高后续图像分析和识别的准确率；结合病理学知识，通过特征提取算法提取水产生物的病害特征信息，包括水产生物病变部位、形态、颜色、纹理等；利用机器学习算法，对提取的特征进行学习和分类，将疑似患病的水产生物和健康的水产生物进行区分识别；对于识别为患病的水产生物，及时输出诊断结果，提醒养殖者及时采取治疗和预防措施，同时将结果反馈给系统，优化算法，提高识别准确率。通过机器视觉技术进行水产生物病害监测，可以提高诊断效率和准确度，帮助养殖户降低养殖病害风险。

4) 饲料投喂管理

饲料投喂管理的基本流程：在养殖池周边及水下区域安装高性能摄像头，监测水产生物动态信息，包括游动轨迹、摄食频率和用量等；对摄像头获取的图像进行分析和识别，判断水产生物的数量和行为，预测饲料投放量和投放频率；根据图像识别技术的分析结果，智能控制系统自动控制饲料的投放量和投放频率；系统实时记录饲料投喂和水产生物反应情况，帮助养殖者掌握养殖情况，并按实际做出相应调整，逐渐达到最佳饲喂效果，减少浪费和污染。

5) 水产生物质量评估

水产生物质量评估是指使用机器视觉技术对水产生物图像进行分析，测量水产生物体重、长度、体积等指标，并对鱼体形态特征进行评估，比如身体圆滑度、色泽等。通过对这些指标的分析和比对，就可得出水产生物质量评估结果。此外，还可以将评估结果与水质监测、饲料投喂监测等情况相结合，综合评估水产生物质量，帮助养殖者及时调整养殖环境，提高产出效益。

综上所述，应用机器视觉技术可以帮助水产养殖从业人员降低工作强度，提高工作效率，也能快速发现养殖过程中的问题，及时采取处理措施，提高水产养殖的品质和产出效益。尽管机器视觉在数据管理支持、外部干扰适应、识别精确度提高等方面有待进一步优化，但可以预见，机器视觉技术在水产养殖领域有着广阔应用前景，将会对整个水产养殖行业的发展起到重要推动作用。

6.4.2 专家系统

专家系统(Expert System，ES)是一种智能计算机程序系统，它是以专家知识为基础，用专家的思维解答人类提出的问题，可以达到与专家解答相近的水平。

1. 专家系统的基本结构

专家系统一般包括人机交互界面、知识库、推理机、数据库、解释器、知识获取六个部分，如图6-7所示，专家系统的结构随其类型、功能、规模的变化而变化。

人机交互界面是展示用户与系统交流信息的界面，用户查询问题、系统输出反馈结果都需要通过该界面来进行；知识库是专家知识的集合，其容量和质量对系统功能有直接影响；推理机是基于知识库的问题推理程序，相当于专家解答问题时的思维方式；数据库也称为动态库，存放着初始数据、推理路径、推理中间结果以及推理结论；

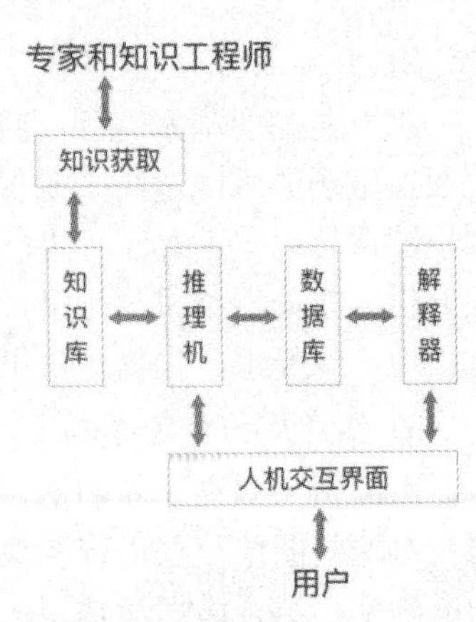

图6-7 专家系统的基本结构

解释器对得出结论的过程进行解释说明；知识获取即系统的学习功能，负责运用外界知识对系统知识库进行完善。

专家系统的基本工作流程：系统通过知识获取将专家和知识工程师等提供的知识存储在知识库中，用户通过人机交互界面提出问题，推理机基于知识库存储的知识对问题进行推理，数据库存储推理结论，解释器对问题推理流程和结论作出详细说明，并最终呈现给用户。

2. 专家系统在水产养殖领域的应用

建设水产业专家系统，通过智能化手段进一步发挥专家经验和知识的价值，可以让专家及其专长不受时空限制，为水产养殖生产管理提供服务，这从一定程度上满足了水产养殖对专业人才的需求，弥补了管理水平的不足。通过水产业专家系统，养殖人员可以获取生产建设、管理决策、效益预测等方面的专家建议，咨询饲料生产、饲喂管理、病害防治等方面的知识。另外，养殖人员与专家可以在线交流，进行实时远程问答；在进行水产病害诊断时，可以将染病水产生物样本图等资料共享给专家，由专家根据实际病症开展远程诊断；将养殖现场的摄像系统与专家系统相连接，专家即可通过远程访问的形式查看现场情况，方便及时给予技术指导。

6.4.3　神经网络

神经网络(Artficial Neural Network，ANN)是能够对信息进行分布式并行处理的机器学习技术，其最突出的能力体现在自学习、大规模信息存储和并行处理方面，具有良好的自适应性、自组织性和容错性，可以弥补常规计算方法在信息处理方面的不足。

自 20 世纪 80 年代兴起至今，神经网络已成为人工智能的一个重要发展方向，广泛应用于信息处理、工程建设、自动化、医学、生物、经济等诸多领域，贯穿模式识别、信号处理、数据压缩、自动控制、预测估计、故障诊断等众多环节，表现出了良好的智能特性，其中具有代表性的神经网络模型有 BP 神经网络(Back Propagation Neural Network)、RBF 神经网络(Radial Basis Function Neural Network，径向基神经网络)、Hopfield 神经网络、自组织特征映射网络(Self-Organizing Feature Mapping，SOFM)等。

1. 神经网络的层次结构

如图 6-8 所示，输入层、隐藏层和输出层构成了一个完整的神经网络，图中圆圈和连线分别代表神经元和神经元连接。信息在三个层次之间逐层传递，实现对信息的输入、处理和输出。输入层、输出层的节点数量通常是不会变化的，隐藏层则可以根据实际的信息处理需求，对节点数量进行调整。

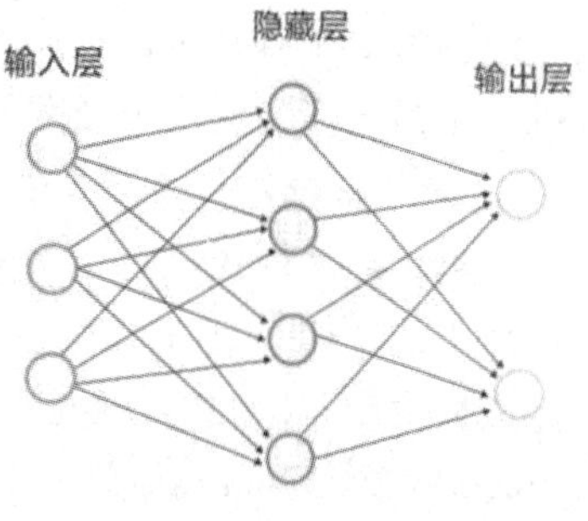

图 6-8　神经网络的层次结构

2. 神经网络的基本组成

1) 感知机

1957 年，美国学者 Frank Rosenblatt 基于生物神经元结构和工作原理，提出了感知机的概念，后来感知机成了神经网络的基本单元。感知机模型如图 6-9 所示。

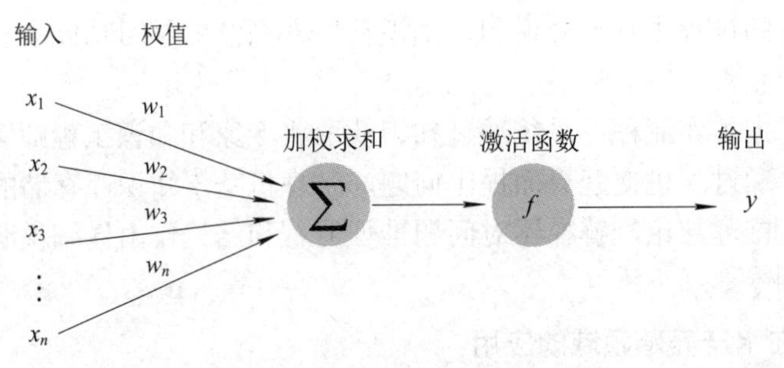

图 6-9 感知机模型

神经元接收到的各种外界的刺激映射为感知机中的各个输入，每种刺激的重要性不尽相同，在感知机中使用加权的形式来表示各个刺激的重要程度，当各种刺激的加权和达到一定的阈值时，感知机被激活，输出一定的输出值。其数学表达式为

$$y = f(\sum_{i=1}^{n} w_i x_i - \theta) \tag{6.1}$$

其中，w_i 表示权重，不同连接所对应的权重不同，即权重的值(权值)不同。权值的大小代表连接的强弱，反映出每个输入在感知机中的重要程度，训练神经网络的最终目的就是确定最优的 w_i，使得神经网络获得最好的分类回归性能；x 表示输入到神经网络的向量；θ 代表偏置，也叫作阈值，只有当整个输入值的加权和到达一定的阈值之后，该感知机才会被激活；外部的 $f(\ )$代表着添加的激活函数，用于增加非线性运算，使得神经网络不再单单只能进行线性运算，添加了激活函数的神经网络的表达能力将更为丰富。可以用以下的数学式表示整个神经元的导通和闭合状态：

$$y = \begin{cases} 0 & (\sum_{i=1}^{n} w_i x_i \leqslant \theta) \\ 1 & (\sum_{i=1}^{n} w_i x_i > \theta) \end{cases} \tag{6.2}$$

感知机刚提出的时候只能表示有限的逻辑运算，如与门、与非门、或门等，而对于更为复杂的异或门运算，感知机就无能为力了，这也导致了神经网络理论陷入低潮，直到后来提出的将多个感知机进行连接从而实现异或门才解决了这个问题，后来一代代学者在此基础上不断研究，使得神经网络理论不断成熟完善。

2) 激活函数

如果神经网络均由一个个的感知机互相连接，则整个网络只是一个线性的数学模型，表达能力非常弱，只有当加入其他的非线性部分，整个网络才能获得更好的表达能力，从而完成分类或是回归的功能，添加的这种非线性部分就叫做激活函数，常见的激活函数有 Sigmoid 函数、Tanh 函数、ReLU 函数等。

3) 损失函数

为了判断神经网络拟合数据的优良程度，需要确定一个指标，通过这个指标就可以得到网络的预测值和标签中的真实值的误差。将网络的预测值和标签中的真实值的误差作为输入值，输入给损失函数，经过函数的计算便可以得到网络的损失(loss)值，用 loss 值可衡量该网络拟合数据的效果。目前常用的损失函数有均方误差函数、交叉熵误差函数等。

3. 训练神经网络的工作原理

1) 梯度下降

梯度就是对全部变量求偏导之后汇聚而成的矩阵向量，梯度越大，损失函数值的变化越明显。损失函数值反映了神经网络预测结果的准确程度，损失函数值越小，预测结果越准确，因此，神经网络通过不断的迭代训练使得损失函数值降至最小，即可获得一组最优的权重参数，以实现最优的分类结果或者回归性能。将损失函数沿着梯度下降的方向进行更新，调整网络参数的权重，不断重复此过程直至损失函数值收敛于最小值的过程则称为梯度下降，也就是说，应用梯度下降算法可以在反向传播过程中将损失函数值减小以提升神经网络的预测性能。

2) 误差反向传播

最早的时候，计算神经网络的梯度值采用的方法是直接进行数值微分，然而这种方法计算量非常大，在早期计算机性能并不是很优秀的时候甚至无法进行下去，神经网络理论也因为这个原因陷入了低潮，直到 1986 年，Hinton 提出了著名的误差反向传播算法：使用链式求导法则从输出端向输入端计算各个层的梯度并逐层向前传播。

神经网络的训练过程由两部分构成，即正向传播和反向传播。正向传播将输入经过隐藏层处理后传到最后的输出层并计算实际值与标签值的误差，如果高于阈值，则说明网络的拟合性能不达标，为了提升两者的拟合程度，就需要调整权重参数来降低损失函数。反向传播是根据损失函数值反向地更新神经网络中的权重值，通过将误差从输出层向输入层逐层反向传播，在该过程中不断计算每层的梯度并沿着梯度下降最快的方向更新每层的参数，不断循环直到传到输入层。

4. 神经网络在水产养殖领域的应用

神经网络在水产养殖过程中也多有应用，例如，运用神经网络算法，以氨氮、溶解氧、pH 值等参数作为输入，得出相应的输出结果作为评价标准来判断水质环境是否符合需求，可以为水产生物生长环境调控提供理论参考；在水产病害诊断方面，神经网络技术的应用能够提高病害诊断系统的自学习能力，使整个诊断系统拥有更高的自动化性能，进而提高病害诊断的准确率；在水产品生产和销售环节，也可以利用神经网络预测水产品的市场需求量，根据市场需求调整生产量，避免因供需不平衡造成的资源浪费，影响养殖企业的收入。

6.4.4 图像处理

图像处理技术是应用计算机处理图像信息的技术。目前，图像处理技术已相对成熟，具有处理精准度高、再现性好(不损害图片质量)、应用广泛等特点，已广泛应用于航天航空、工业自动化、农业生产、交通检测、生物医学、文化艺术等领域。

为了识别某一场景中的人或物体，需要利用图像处理技术对图片进行加工处理，包括以下环节：

(1) 图像预处理。图像预处理的作用在于去除原始图像中的噪点，使图像更加清晰，突出目标信息，方便进行后续处理。图像预处理过程主要涉及噪声降低、对比度提高、图像锐化、几何变换等操作，其中常用的图像去噪方法有小波去噪、均值滤波器去噪、自适应维纳滤波器去噪等。

(2) 图像分割。图像分割指根据性质差异对图像进行区分，得到实际需要的有意义部分。图像分割的核心在于图像的二值化，即以一定阈值为界限对不同灰度的像素进行划分，用黑色和白色表示，从而分离出目标物。

(3) 特征提取。特征提取是指从图像分割分离出的目标物中提取大小、形状、颜色等特征，得到能够细致描述目标物的特征集合，以便对不同目标物进行准确区分。

(4) 特征分类与目标识别。特征分类与目标识别是指计算机通过对目标特征集进行选择和降维，得到数量合理且最具区分度的特征或特征集合，再通过学习特征数据得到分类模型，并利用该模型实现对目标的识别。

在水产养殖领域，图像处理技术常用于水产生物识别定位和监测水产生物的生命特征，其灵敏度高，且非接触式的识别监测还能防止给水产生物造成干扰。将图像处理技术和传感器监测技术相结合，可获取更为准确的监测数据，以此完善水产生物动态分析模型，可以提高水产生物生命信息分析的准确率。图像处理技术还能把遥感获取的图像信息数字化，并存储到计算机中，为养殖环境监测、灾害预警等提供便利。

6.5 数字孪生在水产业中的应用

6.5.1 数字孪生的内涵及其发展现状

2002 年，美国的迈克尔·格里弗斯博士提出用计算机建立一个跟实物完全相同的模型，这就是数字孪生概念最早的雏形。2003 年，Grieves 教授在美国密歇根大学产品生命周期管理课上首次提出了关于数字孪生的设想，当时称为“镜像空间模型”((Mirrored Space Model，MSM)，后来 NASA 的 John Vickers 将其命名为 Digital Twin。数字孪生(Digital Twin，DT)也称为数字映射、数字镜像，指的是通过采集和整合物理世界中的数据，利用模型和算法进行分析和预测，建立虚拟的数字化模型来描述和复制实际物理系统或过程的方法。通过物联网、大数据、人工智能、深度学习和仿真建模等技术，获取物理对象的各类数据并建立数字虚拟模型，该模型称为数字孪生体，利用该模型可以描述物理对象在现实环境中的行为，与物理对象的全生命周期相映射，两者的各项数据同步更新。数字孪生通过虚实交互反馈、数据融合分析、决策迭代优化为物理世界实体研究和应用扩展提供辅助，具有全要素、可推演、可追溯、数据双向流动等特征。

数字孪生的发展阶段大致可分为技术准备期(1960—2001 年)、概念产生期(2002—2010 年)、领先应用期(2010—2020 年)以及深度开发和大规模扩展应用期(2020 年以后)。在政策层面，已有许多国家制定了相关政策保障、推动数字孪生发展，并建立了开展数字孪生技术、产业研究的相关组织。我国也将数字孪生写入《“十四五”规划》，从信息技术、工业生产、建筑工程、水利应急、综合交通、标准构建、能源安全、城市发展等领域对数字孪生提出了相应的发展要求。工业互联网产业联盟(Alliance of Industrial Internet，AII)也设立了数字孪生特设组，开展数字孪生技术产业研究，推进相关标准制定，加速行业应用推广。在行业应用层面，由于在协调生产管理流程、优化资源配置方式和保障应用安全准确等方面具有突出优势，数字孪生目前已广泛应用于智能制造、智慧城市、航空航天、军事管理、交通运输、智慧农业、医疗保健、电视艺术等领域，成为赋能垂直行业进行数字化转型的关键技术。

6.5.2　数字孪生的数据获取关键技术

数据是数字孪生的基础，数字孪生使用传感器、GIS、RS、北斗卫星导航系统、无线远程视频监控系统等多种技术采集实时数据，获取物理量、几何形态、运动状态、位置变化等信息，用于构建、优化数字孪生模型。

1. 地理信息系统

地理信息系统(Geographic Information System，GIS)主要用来存储和处理地理数据，通过采集、编辑、分析、成图等操作表达空间数据的内涵。GIS 常作为为智能化集成系统提供地学知识的基础平台，应用于气象预测、灾害监测、环境保护、资源管理、城乡规划、人口统计等众多领域，对于空间数据标准化维护、数据更新、数据分析与表达、数据共享和交换以及提高决策和生产效率具有重要意义。随着 Internet 技术的发展和 GIS 应用需求的增加，产生了使用 Internet 和 GIS 共同管理空间数据的技术——WebGIS。

GIS 由硬件系统、软件系统、空间数据、应用模型、应用人员组成，如表 6-1 所示。其中，软、硬件系统是 GIS 运行的基础场景；空间数据是 GIS 的作用对象；应用模型是辅助解决现实问题的工具；应用人员控制系统运行。

表 6-1　GIS 的组成

组成部分	说　明
硬件系统	硬件系统是 GIS 物理设备的集合，为 GIS 实现数据传输、存储及处理创造条件。其中，计算机负责对空间数据进行处理、分析和加工，因为 GIS 涉及海量复杂数据的处理，所以对计算机的运算能力和内存容量有较高的要求；数据输入设备的选择视空间数据类型而定，GIS 数据输入所需的设备通常包括通信端口、数字化仪(Digitizer)等；数据输出设备是对外展示数据处理结果的工具，包括绘图仪、打印机、显示器等；数据存储设备用于存储数据，主要有硬盘、光盘、移动存储器等，存储容量是其硬性指标；路由器、交换机等网络设备共同构建系统通信线路
软件系统	软件系统用于维护 GIS 的正常运行，其中，GIS 对地理信息的输入和处理都是通过计算机系统软件(如操作系统、编译程序、编程语言等)来实现的；数据输入、管理、分析、输出等则由 GIS 软件(如 Oracle、SQL、Sybase 等数据库软件、图像处理软件等)来完成
空间数据	空间数据内包含了地理实体的特征，来自不同研究对象和研究范围的不同空间数据都存储在数据库系统中，进行统一分析和管理
应用模型	应用模型是 GIS 解决实际问题的关键，构建 GIS 模型(如资源利用合理性模型、人口增长模型、暴雨预测模型等)可以为落实具体应用、解决各类现实问题提供有效工具
应用人员	GIS 处于完善的组织环境内才能发挥功能，人的干预也是其中必不可少的部分。系统管理与维护、应用程序开发、数据更新、信息提取等都需要相应人员来完成，其中主要包括系统开发人员和最终用户

数字孪生和 GIS 的综合应用可以在水产业中发挥重要作用。GIS 提供了一个平台，可以管理和分析地理位置数据，数字孪生则将这些数据整合到一个全面的模型中，以更直观

的方式展示地理位置数据。数字孪生可以通过虚拟建模技术，对水产养殖场、水产养殖设备、养殖生态环境等进行精细化建模和仿真，以便更好地进行效益评估和生产管理。同时，数字孪生可以结合传感器等技术，实现对生物生长、水质变化等关键指标的实时监测和预测。GIS 技术则可以将数字孪生模型与地理信息系统相结合，实现对水产养殖场、渔业资源等空间信息的可视化管理。通过 GIS 技术的精细分析和模拟，可以为规划土地资源、分析渔业资源分布情况、评估养殖场环境等提供便利，为水产养殖的可持续发展提供支撑。

2. 遥感技术

遥感(Remote Sensing，RS)技术是一种物体探测技术，它集成了光学、电子、通信、计算机科学、大地测量学、地理信息系统等技术，通过遥感卫星、载人航天器、飞机等遥感平台和仪器远距离采集目标对象的电磁波信息，经过信息处理分析，反映出目标特征，具有大范围同步观测、受环境限制少、时效性强、综合性强等特点。

RS 技术的应用非常广泛，在环境监测、资源调查、灾害预警、城市规划等领域具有独特优势。通过 RS 技术，研究人员可以高效获取大量的数据和信息，为制定决策方案和解决实际问题提供依据和支持。例如，在环境监测方面，RS 技术可以用来监测空气质量、水质状况、土地利用情况等信息，提供实时准确的数据，帮助制定和完善相应的环境管理政策和措施。在资源调查方面，RS 技术可以用来对土地、作物等进行监测，为相关人员提供土地利用、农业生产等方面的建议，提高资源利用效率。

在水产养殖方面，RS 技术可以用来获取大范围养殖区域的高分辨率遥感影像，同时获取养殖场周边地形、土地利用等信息，数字孪生利用这些数据可以构建精细化的养殖场模型，帮助企业进行养殖场地规划。通过数字孪生模拟不同的养殖环境条件，预测养殖效果，并结合遥感影像对养殖环境进行分析和评估，可以评判养殖区域和条件的适宜性。通过数字孪生构建出养殖场地的高精度动态模型，结合遥感影像，可以获取养殖池塘中的养殖密度、鱼类分布、水质变化等信息，实现对养殖过程的实时监测和预警。

3. 北斗卫星导航系统

北斗卫星导航系统(BeiDou Navigation Satellite System，BDS)由中国自主研发，与 GPS、GLONASS 同属于成熟的卫星导航系统。北斗卫星导航系统在升级的过程中，其服务区域也在逐步拓展，自 2020 年北斗三号系统投入应用后，BDS 正式开始在全球范围内提供服务。

BDS 的组成部分如表 6-2 所示。

表 6-2　BDS 的组成部分

组成部分	说　明
空间段	包含若干颗 GEO 卫星、IGSO 卫星和 MEO 卫星，这些卫星共同提供定位授时导航服务。其中，GEO 卫星具有覆盖范围广、可见性高、抗遮蔽性强等特点；IGSO 卫星在低纬度地区的抗遮挡能力尤其突出，总是覆盖地球上某一个区域；MEO 卫星环绕全球运行，北斗系统由此实现全球服务
地面段	包含主控站、注入站和监测站等地面站，还包含星间链路管理设施
用户段	包括北斗兼容其他卫星导航系统的芯片、模块、天线等基础产品，以及终端产品、应用系统与应用服务等

BDS 以“三球交汇”作为定位原理。卫星的位置是精确的，在 GPS 观测过程中得出 3 颗卫星到接收机的距离，利用三维坐标中的距离公式即可解出观测点的三维坐标。由于卫星的时钟与接收机的时钟之间存在误差，因此需要再利用一颗卫星，共得到 4 个方程式，从而准确计算出观测点的三维位置。

BDS 具备基本的定位、测速和授时功能，其在全球范围内的定位精度优于 10 m，测速精度优于 0.2 m/s，授时精度优于 20 ns。除此之外，BDS 还提供短报文通信(SMS)、国际搜救(SAR)、星基增强(SBAS)、精密单点定位(PPP)、地基增强(GBAS)等服务。其中，短报文通信服务指的是卫星通信功能，这是 BDS 区别于其他卫星导航系统所独具的功能，通过该功能，即使通信、供电条件被破坏，仅以卫星信号承载、传输信息，也能满足通信、定位需求。目前，北斗系统已进入农林牧渔、气象测报、交通运输、智能制造、救灾减灾等众多领域，对经济和社会发展的影响显著。

北斗卫星导航作为数字孪生的一个数据源，可以为数字孪生提供高精度的位置、速度、姿态等信息。在水产养殖方面，数字孪生结合 BDS 提供的位置和时间信息，可实时监测养殖设备的运行状态，并对设备的性能和健康状态进行预测和诊断。北斗卫星导航技术也可以与数字孪生相结合，通过定位和导航技术获取养殖环境中物体或人员的位置和运动轨迹数据，将其与数字孪生环境模型相结合，可以实现对养殖环境中物体和人员的实时跟踪和监测。

4. 无线远程视频监控系统

无线远程视频监控系统将监控技术与无线传输技术相结合，通过无线传输技术来传输图片、视频、声音、数据等信息，解决了传统监控系统布线烦琐的问题，具有技术先进、高效灵活、经济适用等特点。该系统的建设将主要朝着无线化方向发展。

1) 无线远程视频监控系统的特点

(1) 成本低。采取无线远程视频监控方式，不用敷设电缆，材料成本和施工成本都有所减少；系统结构相对简单，故障率不高；对传输网络的维护由网络供应商负责，系统维护成本低。

(2) 实用性强。无线远程视频监控不受实际地形、周边环境影响，减少了监控盲区，扩大了监控范围，具有很强的实用性。

(3) 扩展、移动方便。增加监控点只需要增加前端信息采集设备，无须新建传输网络；若改变监控点，只需要移动前端信息采集设备；用户可以通过移动终端设备获取监控信息，实现异地全天候监控。

(4) 网络信号易受影响。无线远程视频监控系统优势明显，但是也存在一定的局限性。无线传输网络容易受恶劣天气、建筑物屏蔽等的影响，或者受到外部无线信号干扰，导致信号强度降低。

2) 无线远程视频监控系统的组成

无线远程视频监控系统的组成如表 6-3 所示。

表 6-3 无线远程视频监控系统的组成

组成部分	说 明
信息采集系统	摄像头是信息采集系统的基础设备，其信息采集过程包含摄像、信号转换、信号传输三个环节，每一个环节都能够对系统运行产生直接影响
无线数据传输系统	通过 WiFi、4G、5G 或者微波等无线宽带通信传输技术，采用点对点或点对多点形式形成全面网络覆盖，传输监控信息
信息管理系统	负责接收、存储、处理、反馈来自各个采集点的视频、图像等信息，并通过中心服务器向信息采集系统发送指令，控制前端信息采集设备

3) 无线远程多节点视频监控系统

在水产养殖领域，如果采用点对点的视频监控模式大范围监控养殖场，需要敷设大量的电缆，敷设周期长、成本高，且维护难度大；另外一种稍先进的监控模式就是采用 WiFi P2P 传输图像，但这种模式需要大量的光纤电缆连线。这两种费用开支大、设施要求高的监控模式使图像、视频数据的采集受到了极大的限制。

无线远程多节点视频监控系统(PMP+WLAN)应用 Mesh WLAN 组网技术，以点对多点无线通信的方式进行信息传输，同时运用信号频率调制解调技术减少设备之间的无线干扰，可实现大范围的无线远程视频监控。用户可以通过终端设备随时查看实时监控信息，系统管理员还能通过平台发送操作指令，从而控制分布在固定区域的监控节点。无线远程多节点视频监控系统的具体部署方式是：将能够接入 WLAN 的监控设备(如支持 WLAN 的 IP 摄像头)布设在 Mesh WLAN 覆盖区域内，采取多点组网方式对 IP 视频信号进行远程监控，再利用 Mesh WLAN 网络将视频信号发送到网络中心。网络中心不仅存储视频，也为监控终端提供视频数据，因此需要配置大容量的存储系统，同时配备无线控制器或集中式网络管理系统，对无线 WLAN 设备进行统一管理。利用电脑等终端设备和可靠的网络连接，可以对监控设备实行远程管理。

无线远程多节点视频监控系统可以实时、直观、详细地对监控信息进行记录，方便相关人员进行管理，该系统的主要特点如下：

(1) 借助无线网络进行监控信息传输，突破了因有线网络无法部署而无法实行监控的障碍，使得系统的构建更灵活、高效；不需要实地布线，使得监控材料、设备安装、设备维护等成本均有所降低。

(2) 图像信息能够通过数字视频监控设备转换成 IP 基础上的视频流，使得局域网、广域网甚至全球通信都可以通过超前的网络技术实现，不管在哪个地方，只要有网络接入，管理者就能够进行各类监控操作。

(3) Mesh WLAN 自组网方式。传统的路由器网络组网环境存在很多缺陷，如大量使用有线电缆，使得敷设、勘探和后期维护成本较高，同时由于使用的 AP(Access Point，接入点)较多，难以实现高效统一的管理。Mesh WLAN 方案可以节省 AC(Access Contol，交流访问控制)控制器，相比传统技术具有以下优势：不用重复布线，将有线与无线进行一体化设计，如果 Mesh WLAN 网络中 AP 布置的设备出现问题，可将有问题设备用正常 AP 代替，维护网络运行。

(4) 使用支持 WLAN 的 IP 摄像机。IP 摄像机具有采集、处理模拟视频图像的功能，还能够直接提供 IP 网络接口。有些 IP 摄像机可以连接 WiFi，对于不能连接 WiFi 的 IP 摄像机，则可以通过 WLAN 无线网桥或 CPE 终端设备将无线信号转换为以太网接口，把 IP 摄像机转换成允许无线传输的无线视频前端设备。

图 6-10 和图 6-11 所示为智慧水产养殖管理平台的水上、水下视频监控界面。摄像头的监控范围包括水上、水下的所有的养殖生产管理区域，选择摄像头地址和摄像头编号，可以查询相应的视频；单击“查看回放”，将跳转至录像机管理界面，如图 6-12 所示；选择摄像头位置、日期即可查看、管理相应的视频回放。

图 6-10　水上视频监控界面

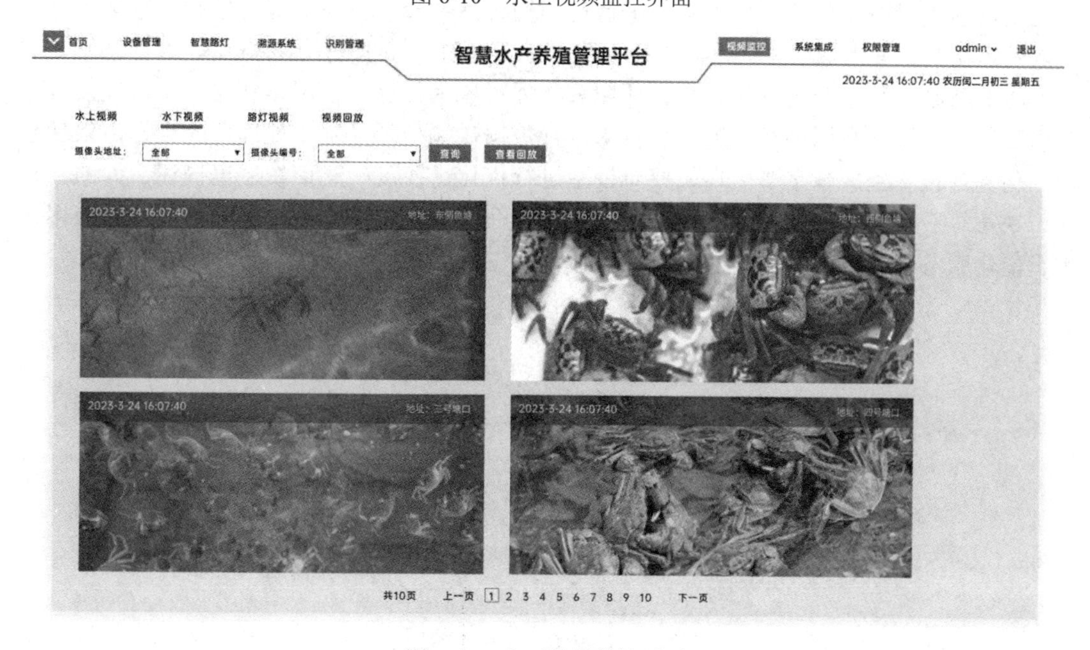

图 6-11　水下视频监控界面

图 6-12　录像机管理界面

在水产养殖领域，通过实时视频监控系统获取养殖环境中的视频和图像数据，并将这些数据用于生成数字孪生模型，可以实现对养殖环境的实时监测和预警，进一步提高养殖环境安全和管理水平。利用无线视频监控技术获取水产生物生长情况信息，将采集的信息反馈到数字孪生模型中，能够实现对水产生物生长过程的实时监测和预测。数字孪生与无线视频监控技术相结合还可以实现远程管理，管理者可通过互联网随时随地查看养殖场的情况，实现远程监控和调控，从而提高养殖管理效率。

6.5.3　数字孪生的体系架构

数据感知、数据传输、数据处理、数据建模、人工智能、人机交互等是实现数据孪生应用所需的关键技术，这些技术基于平台化架构进行融合，实现物理对象和数字孪生体之间的信息交互，并形成一个闭环。数字孪生体系架构如图 6-13 所示，其中，数据感知是数字孪生的基础，数字孪生以人、物、环境等物理对象为目标，使用传感器、仪器仪表等设备感知数据，接着应用多样化的信息技术进行数据传输处理，基于处理后的数据，依托建模、仿真等技术生成数字孪生体，并对模型进行优化、控制，进而发展出描述、诊断、预测、决策等应用，最终为智能制造、智慧城市、智慧农业、交通运输等具体的行业应用提供智能化服务。

行业应用	智能制造	智慧城市	智慧农业	交通运输	…
可视化应用	描述	诊断	预测	决策	
模型构建	建模(3D/CAD/GIS)	仿真(CAE/BIM)	优化	控制	
传输处理	处理	数据存储	数据融合	数据处理	
	传输	4G/5G/ZigBee/NB-IoT/WiFi			
数据感知	传感器	仪器仪表			
物理对象	人	物	环境		

图 6-13　数字孪生体系架构

1. 数据感知

感知物理对象的实时数据，需要应用感知技术和设备。根据数字孪生的不同应用场景和实际的数据获取需求，选择相应的传感器、仪器仪表等设备，在前端利用边缘计算等技术对所采集的数据进行简单的前处理，可以提高数据传输的效率，为数字孪生建模提供实时、稳定的数据支持。

2. 传输处理

感知的数据通过 4G、5G、ZigBee、NB-IoT、WiFi 等通信技术传输到数据平台进行存储、融合和处理，可以根据实际的数据量情况、传输速率要求等选择合适的通信技术。数据处理是应用的前提，数字孪生涉及的数据来源多、种类丰富，这些多元异构数据需要通过数据融合技术进行处理，分布式存储处理技术、流计算技术等则用于保障数据处理的效率。数据传输处理性能是评价数字孪生系统的关键指标，构建强大的数据传输、处理系统是发展数字孪生的重要内容。

3. 模型构建

数字孪生建模是以物理世界实体的外在形态和内在机理等特征为基础，按照一定的规范和形式对物理世界实体进行正规化描述，得到体系模型视图，再通过链接、度量、优化以及这四个环节的反复螺旋迭代，形成一个完善、持续且实用的数字孪生体。数字孪生以建模仿真为核心，是传统建模仿真技术更新发展的结果，与传统的信息系统建模的不同在于，数字孪生体可对各要素进行准确、精细的描述，可以复现和推演现实场景。

系统复杂程度不同，数字孪生体的构建范式也有所不同，数字孪生体的基本构成包含体系架构、模型和数据。数字孪生建模的基本流程为：应用感知技术采集物理世界实体的特征数据和变化信息，作为建模的数据来源；通过高分遥感等测绘技术不断修正表层模型，形成数字孪生体的外部形态；借助 3D、CAD、GIS 和建筑信息模型(Building Information Modeling，BIM)等构建数字孪生静态模型；构建静态模型与物理世界实体的数据交互程序，实现两者的交互和融合。其中，物联网技术为数字孪生应用提供了大量数据，这是构建数字孪生体的必要条件，应用基于物联网采集的数据，结合人工智能技术可对系统进行建模，进而实现对复杂系统机理的深入认识。数字孪生将数字模型和物联网相结合，使数字孪生体更加接近真实系统。数字孪生体建成后，可在数字孪生平台上运行。

4. 可视化应用

为实现可视化应用，数字孪生需要提供可视化和交互界面，直观展示描述、诊断、预测、决策等应用的实时结果，以便用户进行数字孪生的探索、分析、优化等，使数字孪生辅助行业应用，这一过程需要借助虚拟现实、增强现实、可视化分析等可视化和交互技术。数字孪生应用的领域众多，赋能行业数字化的作用明显。在数字孪生技术研发、应用和推广的过程中，不断加强基础设施建设，推动软硬件设备更新，扩大可用数据规模，优化模型和算法，同时加快培养专业人才，将使数字孪生技术得到更加快速、稳定的发展。

6.5.4　数字孪生渔场

渔业是数字孪生应用的一个重要领域。受渔业地域差异、养殖周期等因素影响，渔业数据呈现出明显的非线性、不确定性特征。数字孪生融合物联网、人工智能等技术，可以集成物理设备或系统，通过模拟仿真对渔业数据进行综合分析、处理和应用，实现生产监控、异常预警、决策指导等应用，从而提高生产管理水平。

1. 数字孪生渔场的构建过程

数字孪生渔场应用数字模型模拟真实渔场环境，对渔场生态系统进行模拟和分析，赋能实际生产应用，从而提高渔业的生产效率和可持续性。数字孪生渔场的构建需要应用数字孪生、物联网、大数据、云计算等技术，技术架构主要分为三部分：物理对象、数据互动和数字孪生模型。其中，物理对象指的是实际的渔场生态系统，包括水域、生物、设备等；数据互动过程则是将物理对象与数字孪生模型进行连接和交互；数字孪生模型是基于渔场真实数据生成的算法模型，可以反映真实的渔场情境，提供实时数据分析、预测和决策支持等功能。构建数字孪生渔场的具体流程如下：

1) 获取渔业数据

在数字孪生渔场建模过程中，首先需要通过卫星遥感、传感器、人工智能等技术获取包括水域环境、生物分布、生物动态、设备运行、渔业活动等在内的渔业场景相关数据，并对这些数据进行处理和清洗，以确保数据的准确性和可靠性。

2) 搭建数据平台

为了对渔业生态系统进行数字建模，需要建立一个数据平台用于数据存储、处理和分析。该平台应具备实时收集和存储数据的功能，支持数据分析和挖掘，并提供与现有系统数据的共享接口。在建设数据平台时，还应考虑到数据的保密性和安全性。

3) 构建数字孪生模型

数字孪生渔场建模的关键是构建基于渔场真实生态的数字化模型。在建模过程中，需要对渔场生态系统中的水体流动、水质变化、生物生长、生物分布、饵料投放、光照强度等要素进行数字化模拟，其中使用的技术包括但不限于物理模型、计算机模拟、机器学习和数据分析等。

4) 进行模型仿真分析和优化

在数字孪生渔场建成后，需要进行数字孪生仿真实验，以实现模型对渔业真实场景的深入理解和预测。例如，进行水质变化、饵料投放、生物生长变化等仿真实验，实时记录实验数据并对实验结果进行分析和总结。通过不断进行模型仿真训练和优化，实现预测生物生长、控制饵料投放、优化生产布局、预测产品产量等功能，进而实现数字孪生渔场的自动化预测和控制。

5) 实现数字孪生渔业服务

构建数字孪生渔场可以为渔业发展提供多样化服务。

(1) 通过实时监测水质环境、生物生长、养殖情况等数据，并结合算法模型进行分析，可以实现对饵料配比、药物投放、水质环境等的调控，帮助养殖户实现渔业生产精准管理和产量预测，提高生产效率和产量。

(2) 数字孪生渔场可以作用于自然资源优化利用和生态环境保护，通过监测和预测资源利用情况和生态环境的变化，及时进行污染预警和治理，发展生态养殖。

(3) 在数字孪生渔场相对完善的基础上，可以发展渔业产业与仓储物流、产品溯源、智慧文旅、金融保险等领域的融合，构建数字孪生渔业生态系统。

2. 数字孪生渔场的发展前景

数字孪生渔场通过物联网、大数据、人工智能等技术对渔业生产过程进行实时监测、预警和调控，可解决传统渔业生产存在的粗放生产、生态破坏、产能不足等问题，为渔业发展提供全新的解决方案，将加速渔业产业的转型升级和创新发展。随着相关技术手段的发展，数字孪生渔场的应用场景将更为丰富，除了为渔业生产管理提供预测、控制和优化服务外，还能为渔业科研提供环境模型和预测数据，还可以基于数字孪生渔场开发渔业环境监测系统、生物生长预测系统等多种渔业监测和预测产品。

数字孪生渔场具有巨大的发展潜力和市场空间，同时也面临着一些挑战。在实际应用过程中，数据采集、传输、处理及模型的训练优化与模型的实用性密切相关，建模过程需要整合物联网、大数据、云计算、人工智能等多种技术，数据的获取、存储、处理等环节可能产生诸多技术难点，但目前相关领域的人才相对短缺，需要通过培养和引进等方式加强人才队伍建设。数字孪生渔场相关数据涉及渔业资源、环境保护、安全生产等法律法规，因此要确保数据和操作的合法性和安全性，避免出现不合规的情况。从实际应用来看，数字孪生技术也有其局限性，还需要根据渔业发展的实际问题、应用场景、发展需求等进行不断优化。

第 7 章 水产养殖的智能化管控应用

7.1 水产养殖环境的监测与调控

水产养殖对养殖环境有很高的要求，尤其是水质环境，养殖水质失衡极易造成水产生物大面积生病或死亡，给养殖户造成严重的经济损失。因此，对于水产养殖，无论是海水养殖还是淡水养殖，都应该对水质环境进行实时监测与调控，为水产生物提供适宜的生长环境。我国水产养殖主体以散户和中小企业为主，对于水质环境管理通常以人工巡塘和样本检验的方式进行，养殖经验性强但科学性不足。考虑到养殖规范性和养殖效益，养殖户对养殖环境管理的核心需求应是实时监测、异常报警和智能调节，从而提高养殖产量和质量。

近年来，一些养殖企业逐渐引入水质监测预警系统，使用传感器技术对养殖水体的温度、溶解氧、pH 值、氨氮、电导率等指标进行实时监测，通过无线传输技术将信息传输到云计算平台进行存储、分析和处理，并输出数据处理结果至系统平台和移动终端。由此养殖户可以随时查看水质参数数据，根据水产生物生长需求设定各个指标的预警范围。当数据达到预警范围时，系统实时向养殖户发送报警信息，提醒养殖户及时采取措施。这类系统属于初级的养殖水质监测预警系统，实际的水质调控操作还是依靠人工完成的，智能化程度有限，应用推广受到一定的限制。

还有一类水质监测预警调控系统是通过在系统发出水质预警信号的同时调控进出水电磁阀，并通过控制器控制增氧机等养殖设备，实现对水质的智能化调控，养殖户则通过系统平台或手机 APP 了解水质调控情况。水质监测预警调控系统分为感知层、传输层、处理层和应用层，通过信息在层级之间的双向传输交互达到水质数据实时获取和水质环境科学调控的目的。其中，感知层实时采集水质数据，并负责接收指令来调控养殖设备工作；传输层接入并传输来自感知层的数据，同时将来自应用层的指令传递到感知层；处理层负责数据的存储、分析和处理，挖掘数据的实用价值；应用层提供人机交互界面，包括 PC 端和手机 APP 端，实现异常报警、指令发布等功能。水质监测预警调控流程如图 7-1 所示，水质调节设备(如增氧机、水泵等)通过云服务平台的智能控制系统与水质环境监测系统相连接，实现设备联动控制。结合水产养殖标准和实际养殖情况，养殖人员可以设定水质参数阈值，当水质参数数值超出阈值范围时系统自动报警，同时启动相应的水质调节设备，合理调节水质环境。当水质恢复理想状态时，系统控制设备停止运行。养殖人员可以通过 PC 端或手机 APP 端了解水质状况和设备运行状态，接收报警信息，也可以对系统连接的水质调节设备进行远程控制。

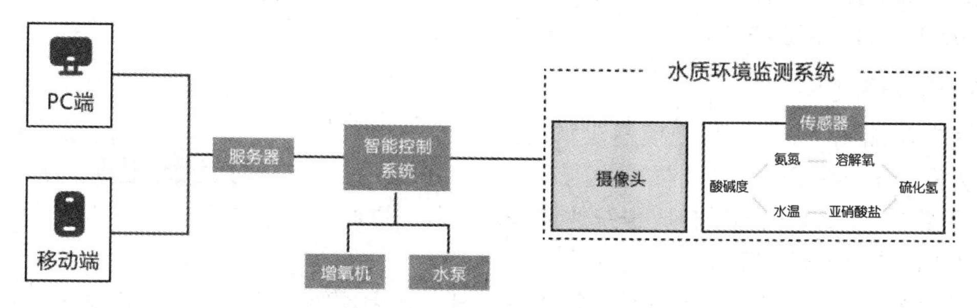

图 7-1　水质监测预警调控流程

图 7-1 所示系统可以明显减少养殖水质管理的人力成本投入并提高水质干预的实效，目前行业也多使用这一系统开展养殖生产管理，但仍然有不足之处。

(1) 养殖水体受气象条件、养殖操作等多种因素影响，水质变化较为频繁，通过设定阈值、控制设备进行水质调节，可以将水质参数值控制在适合水产生物生长的范围，但期间设备反复多次启停，容易造成设备磨损、使用寿命缩短等问题，水质调控的精准程度逐渐下降。

(2) 水质环境本身具有随机性、非线性、复杂性等特征，传感器监测只能获取当下的数据，而不能对水质环境进行预测，对于水产养殖预防水质风险的作用还是相对有限的。

目前，已有研究将人工智能应用于养殖水质监测、预测过程。基于人工智能的水质预测流程如图 7-2 所示，鉴于水文、气象条件和流域属性对水质环境有一定的影响，所以将气温、降水、水流量、地形、植被等作为特征向量，再加上水质参数数据，基于这些大样本数据进行分析、挖掘和建模，就可建立水质预测模型，接着对模型应用人工神经网络、回归分析和支持向量机等算法进行不断优化和改进，使模型能够根据水文、气象条件和流域属性进行水质预测。

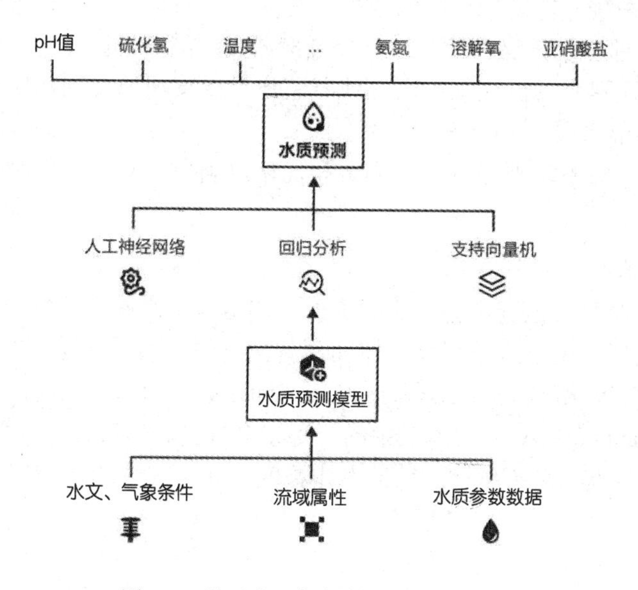

图 7-2　基于人工智能的水质预测流程

基于人工智能的水质调控是将采集的水质数据通过物联网等技术反馈给智能系统，再由智能系统根据当前的水质环境制定水质调控方案，采用的主要方法是模糊控制(Fuzzy Control，FC)和专家系统控制。

1. 模糊控制

模糊控制指的是一种基于模糊逻辑的控制方法，通过将输入和输出变量用模糊集合(Fuzzy Set，FS)表示，并使用模糊规则对其进行处理，从而实现对系统的控制，它能够在处理不确定性和复杂性问题时比传统的精确控制方法更好地适应实际情况。利用模糊控制进行水质调节涉及以下环节：

(1) 数据收集：采集水质监测数据，包括 pH 值、溶解氧、氨氮、总磷等指标，建立数据集。

(2) 模型选择：选择适合水质模糊控制的模型，如模糊控制、神经网络控制、遗传算法等。

(3) 模型训练：使用数据集对模型进行训练，提高模型的预测准确性和鲁棒性。

(4) 模型应用：将训练好的模型应用于水质模糊控制，通过对指标的实时监测和预测，将水质控制在合理范围内。

(5) 模型优化：不断优化模型，增强水质模糊控制的效果。

2. 专家系统控制

专家系统控制指的是利用专家知识库和推理机制，模拟人类专家的思考与决策过程，以解决特定领域问题，实现对该领域的自动控制和管理的一种人工智能方法。通过对数据、知识、规则进行分析和处理，专家系统控制可以自动化地完成复杂的判断、决策与操作任务。应用专家系统进行水质调控涉及以下环节：

(1) 数据采集：通过传感器等设备采集水质相关数据，如水温、水质、pH 值等。

(2) 数据处理：将采集到的数据进行处理，包括数据清洗、数据分析、数据挖掘等。

(3) 建立专家系统：根据处理后的数据，建立专家系统。专家系统包括知识库、规则库、推理机等组成部分，在建立专家系统时可根据实际需求进行设计。

(4) 用户交互：建立人机交互界面，使养殖户可以直观地看到水质相关信息，并能够通过输入指令来调节水质。

(5) 系统优化：对系统进行调试、测试和优化，确保专家系统控制水质调节的稳定性和可靠性。

3. 人工智能方法

模糊控制和专家系统控制是基于实时水质监测情况来实施水质智能调控的，另外，应用人工智能方法也可以基于水质变化规律和预测情况进行水质调控，这通常会涉及时间序列(Time Series，TS)、数理统计(Mathematical Statistics，MS)、神经网络以及支持向量机(Support Vector Machine，SVM)等方法中的一种或多种，具体过程包含以下环节：

(1) 数据采集：收集水质数据，包括水体温度、pH 值、溶解氧浓度、化学需氧量等多种指标。

(2) 数据清洗和处理：对采集的数据进行清洗和处理，包括去除异常值、填补缺失值、选择特征数据等。

(3) 模型训练：选择合适的机器学习算法(如支持向量机、神经网络等)，并使用历史数据对模型进行训练。

(4) 模型预测：利用训练好的模型对水质进行预测，并输出预测结果。

(5) 控制策略制定：根据预测结果，制定水质控制策略，包括调整化学药剂投放量、增加增氧设备、调整进/出水流量等。

(6) 控制实施：根据控制策略，实施相应的控制措施，并监测水质指标，不断优化和调整控制策略。

人工智能水质调控系统具备智能计算、知识处理、协同控制、自我学习等功能，在水质调控的高效性、精确性、自适应性等方面具有突出优势。水产养殖中对水质的智能监测和调控是发展智能化养殖必然会引入的应用，随着其应用稳定性、性价比的进一步提升，智能化水质监测调控应用将会得到更大范围的推广。

7.2　水产生物生长过程的监测

水产生物生长过程的监测是保证良好养殖质量的关键之一，其目的是掌握水产生物的生长情况，及时察觉生长中有无异常情况，判断当前的养殖方法是否符合水产生物的生长要求，并根据实际情况调整养殖方式。针对不同生长阶段选择不同的监测指标，可以达到更加精准的监测效果，提高养殖效益。

传统的水产生物生长过程监测主要是通过定期采样、测量和记录水体中的生物量、生长速率、饲料摄入量、水质参数等指标来进行的。例如，使用水质监测仪器监测水体 pH 值、溶解氧等的浓度；通过水样分析测量养殖水体中的营养盐、有机物和微生物数量；采集水产生物样品测定生物体重、长度、体积、生长率等参数；安排经验丰富的养殖人员现场观察和测量水产生物的大小、形态、颜色、行动能力等。但这些方法存在明显的弊端，包括：人工采集和处理样品的成本较高；有些水产生物生长速度较快，采集和监测周期太长容易导致生长数据失真；现场观察和测量受观察条件、观测者技术水平和环境因素的影响，可靠性和精度无法保证；只能获取短期内的生长数据，无法反映水产生物的长期生长情况，对养殖决策的指导意义相对有限。

人工智能水产生物生长过程监测将传感器和摄像头等设备与智能算法相结合，对水产生物的生长过程进行实时监测、分析和预测。具体来说，传感器可以采集水质、氧气、温度等关键参数的数据，摄像头可以记录水产生物的进食、活动、生长状况等信息，而智能算法则可以对这些数据进行分析，预测水产生物生长趋势、发现疾病和异常情况等。人工智能监测可以实现 24 小时不间断监测，及时发现问题；通过对数据的分析和处理，可以对水产养殖的生产过程进行全方位的优化和管理，降低养殖过程中的人工成本和水产生物死亡率；水产养殖管理远程化操作，较好地解决了地理位置分散的养殖场管理难题；对水产养殖环境变化、水产生物生长变化进行高精度预测，可以更好地保障水产生物健康生长。

1. 水产生物行为活动的监测

水产生物对环境变化较为敏感，其游动和觅食行为会随养殖环境变化而有所不同，且健康状况也会通过行为活动反映出来。使用摄像头或其他成像设备获取水产生物活动的图像、视频信息，通过机器学习技术分析水产生物视频的连续时间序列和空间序列，可以获取水产生物行为活动的相关信息，实现自动识别和跟踪水产生物的行为活动，帮助养殖户更好地了解水产生物的行为习惯，判断养殖环境、饲料供给的适宜性，进而优化养殖方式。

使用人工智能进行水产生物行为活动监测可以通过以下几个步骤实现：在养殖水域中安装摄像头装置，定期采集水产生物的行为数据；将采集到的数据进行处理，如去噪、滤波、特征提取等，以便于后续的分析和建模；使用监督学习、无监督学习等机器学习算法，对处理后的数据进行训练，建立水产生物行为模型；通过实时监测水产生物的行为活动，将其与建立好的模型进行比对，以识别出异常行为活动，如群体聚集、游动状态、进食变化等；针对模型的实际应用情况，不断优化模型算法和参数，以进一步提高监测精度和效果。

由于水产养殖环境是复杂且动态变化的，水产生物的行为和活动模式会受到不同环境因素的影响，因此，人工智能技术需要不断学习和调整以适应这些变化。另外，监测设备可能受到水体浑浊、杂物遮挡等因素影响，往往只能在有限的时间和空间范围内获取数据，难以全面反映水产生物的行为活动。由于水产生物行为活动数据的复杂性和实时性，数据处理和分析工作非常复杂，需要高效的算法和计算资源支持。因此，在未来的发展中需要重点关注数据来源和数据处理的质量，结合多样化的特征数据训练模型，以研究出更加准确的水产生物行为活动监测方法。

2. 水产生物生长变化的监测

长度、面积和重量是评估水产生物生长和健康状况的重要指标，通过监测和记录这些指标的变化，可以评估饲料和养殖环境等因素对水产生物的影响，并及时调整养殖管理策略，提高养殖效益。利用机器视觉技术可以对水产生物长度、面积、重量等参数进行估算，具体实现方式是：使用摄像机或其他成像设备对水产生物进行拍摄或录像，得到水产生物的图像数据；对采集到的水产生物图像进行预处理，包括图像去噪、图像滤波、图像分割等，以提高后续图像分析的精度和效率；利用机器学习或深度学习等方法，提取水产生物图像的长度、面积、形状等特征；通过对水产生物的特征进行分析和计算，得出其长度、面积、重量等参数；将估算出的参数输出到显示设备或通过网络传输到其他设备，以便进一步处理和应用。

智慧河蟹养殖管理平台的识别管理模块可用于对河蟹的生长变化过程进行实时监测，该模块包含识别数据和图片数据管理功能。识别数据界面如图 7-3 所示，在该界面可以查看池塘数据分析结果(如螃蟹面积、对比日期、生长速率等)、样本图片(手动上传或摄像机自动抓拍)、螃蟹生长速率趋势信息、螃蟹面积统计数据等，通过选择视频来源和日期可以查询相应的螃蟹生长数据。图片数据管理界面如图 7-4 所示，在该界面可以查看所有手动上传和摄像机自动抓取的图片，可对图片进行批量处理，也可以按池塘、日期、图片来源、图片状态对图片进行筛选查看。将水产生物生长变化监测结果上传至系统平台并实时显示，有助于养殖户随时了解水产生物的生长情况，并对有关数据进行统一、规范管理。

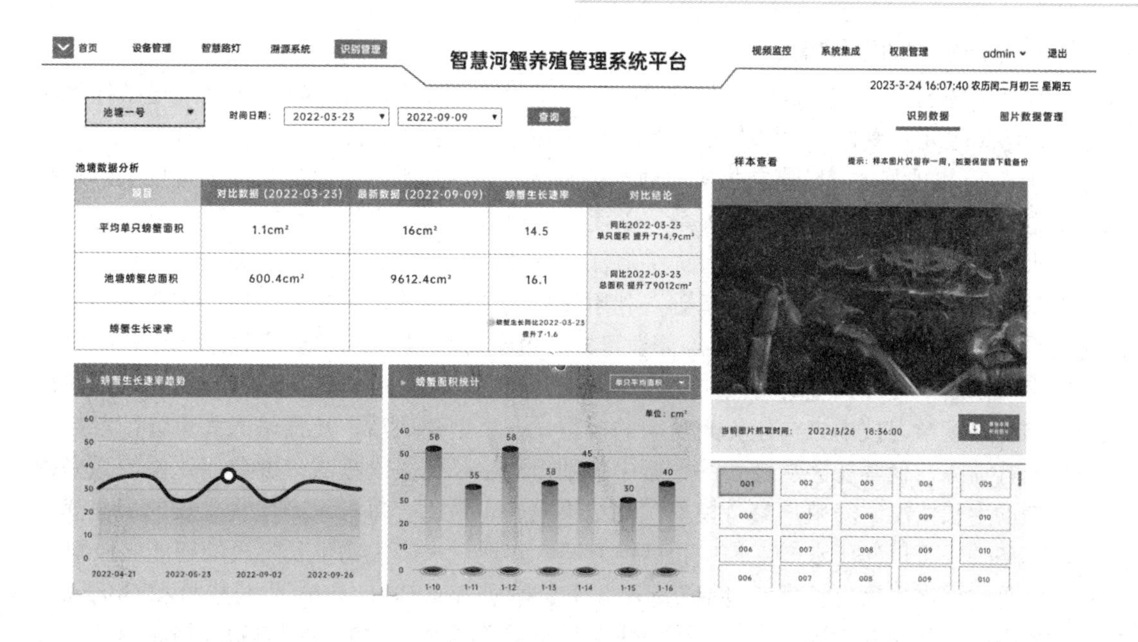

图 7-3　识别数据界面

图 7-4　图片数据管理界面

在对水产生物生长变化的监测过程中，由于水产生物形态复杂且活动频繁，会给目标识别造成较大的困难，且光线和水质等环境因素也会影响图像质量，使机器视觉技术的精度有所下降，导致估算结果不够准确，因此需要采用合适的照明和图像采集设备来降低光线和环境因素的影响，注意在该过程中要避免对水产生物造成伤害；同时，可通过优化算法、扩大训练数据集等方式提高机器视觉技术的精度。如果需要对水产生物进行实时的测量和分析，则还需要考虑传输速度和算法的实时性问题。

3. 水产生物的生长模型

水产生物的生长模型是一个数学模型，用于预测和分析水产生物在不同环境条件下的生长趋势和生物量变化。利用人工智能技术对影响水产生物生长的各种因素(如环境、饲料等)进行分析和预测，可以建立相应的数学关系模型。借助水产生物生长模型可以了解水产生物生长与外部因素之间的逻辑关系，以便找到最适合水产生物生长的养殖管理方案。

水产生物的生长模型可以通过训练算法来创建，以环境、饲料参数和一个养殖周期内水产生物的体重、体长等数据为基础，利用计算机分析体重、体长与环境、饲料投喂之间的关系，使用机器学习技术(如无监督学习、监督学习和强化学习等)来建模。这些机器学习技术可以用来处理大量的数据，从而不断提升模型的准确性，还可以使用线性回归和神经网络等深度学习技术来构建更为复杂的模型。在模型建成后，还需输入大量特征参数对模型进行训练，使其能够从过去的数据中识别出与生长相关的模式，并使用这些模式来预测未来的生长情况。养殖户参考模型预测结果来确定最适合每种水产生物生长的最佳营养和环境条件，可以优化水产生物生长调控方案，实现对水产生物生长阶段的智能化控制。

常见的水产生物生长模型包括 Logistic 生长模型、Von Bertalanffy 生长模型和 Gompertz 生长模型等。在实际应用中，水产生物生长模型需要结合具体的水产养殖环境、养殖方式和水产生物的生长特征进行选择和优化，以提高预测和分析的准确性、可靠性。此外，对于不同种类的水产生物，其生长模型也存在差异，需要进行定制化的选择和应用。目前，水产生物生长模型以经验模型和物理模型为主，尚未形成完整的、普适的水产生物生长模型体系，且大多数生长模型比较简单，难以真实反映生态环境和养殖方式的复杂性。未来还需要开发更加完善和普适的水产生物生长模型体系，提高模型的准确性和可靠性；进一步完善数据采集和处理技术，提高数据质量，为水产生物生长模型提供稳定的基础支撑；同时将模型预测结果与实际数据进行比对，不断优化和修正模型。

7.3 水产生物的智能投喂控制

水产养殖饲料投喂有其内在规律性，水产养殖质量与饲料投喂的种类、数量和时间等密切相关，水产生物在不同的生长阶段有不同的营养需求，因此需要在了解水产生物生长状态的基础上制作饲料配方，精细、科学地喂养。传统的养殖投喂方式更多依赖于养殖经验，按人为估计的投喂数量和时间频率进行投喂管理，存在明显的局限性。智能投喂可以根据水产生物的行为、生长状态、饵料残余量、水质条件等来调整饲料的投喂量和投喂频率，满足水产生物对营养物质的需求，提高养殖品质，同时避免过量投喂造成的饲料浪费，从而节约饲料成本。

近年来，基于水产生物行为进行智能投喂的研究越来越多。水产生物的饥饿状态主要反映在它的行为上，包括活动范围和幅度，利用人工智能技术可以总结出客观的指标，进而对水产生物的饥饿程度进行判断。基于水产生物行为的智能投喂流程如图 7-5 所示，利用水下摄像头采集大量的水产生物图像，然后通过无线通信方式将图像数据传输到后台进行人工智能处理，包括提取水产生物的大小、位置及其活动速度、活动方向等特征数据，再建立水产生物饥饿程度判断模型，将水产生物特征数据用于模型的学习训练，不断调整模型参数，形成一套识别判断规则，使模型能根据水产生物图像数据识别判断水产生物的进食需求。控制系统根据水产生物的进食需求输出指令，控制投喂设备开展精准投喂。

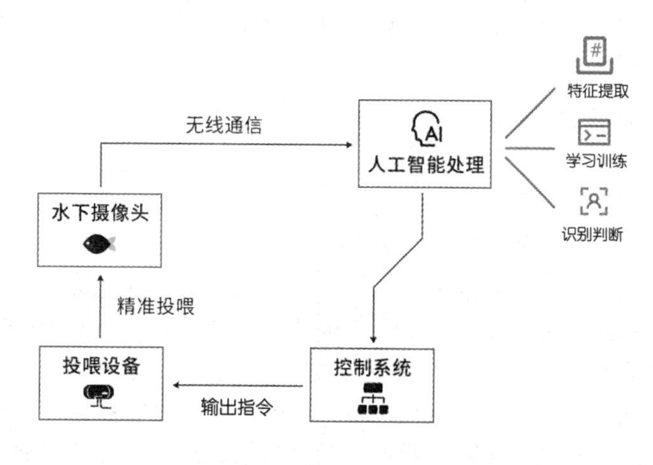

图 7-5　基于水产生物行为的智能投喂流程

建立在水产生物行为指标上的智能投喂方法可以节省饲料，提升水产品品质，减少水质污染，且基于人工智能的投喂方法以摄像头和软件算法替代了人的经验和劳动，只需要初期进行数据采集处理和模型训练，后续即可开展无人化管理，可以降低人工成本，有望实现大规模推广应用。

目前，还有一些基于饵料残余量来判断饲喂需求的研究，该研究的关键在于确定饵料剩余信息，这个过程通常需要使用残饵数量计数器、残饵收集装置、水下摄像头、饵料饲喂机等设备，将残饵剩余信息反馈给投喂系统，系统根据残饵情况判断是否进行投喂，控制饵料饲喂机的工作状态，使饵料数量保持在一个相对稳定的水平。此外，还可使用水产养殖机器人来进行饲料投喂，机器人可基于轮式或轨迹式移动，根据控制系统发出的投喂量、时间和频率等指令，携带饲料进行智能投喂。

因为水产养殖智能投喂过程相对复杂，水下环境变化、水产生物活动等都会对环境监测、图像获取的精度产生较为明显的影响，所以应充分利用多样化的技术手段采集所需数据，精确计算水产生物的进食需求，提高智能投喂系统的准确性。在智能投喂的同时也要关注对水质环境的监测，结合水质变化对投喂设备进行控制，防止对水产生物生长产生负面影响。

7.4　水产生物的疾病预测与诊断

在水产养殖过程中，水体污染、饲料不合理、养殖环境不当等都会增加水产生物感染疾病的风险。在养殖品种抗病力不足的情况下，病毒以水为媒介快速传播，若不及时采取防治措施，将导致水产生物大面积染病，对高密度、规模化养殖造成的损失更为惨重。养殖户凭经验开展水产生物疾病预测和诊断，准确性不高，且容易错过最佳防治时机，而利用人工智能技术对水产养殖过程中出现的生物疾病进行预测和诊断，通过对养殖环境、饲料投喂、药物使用、水产生物状态等因素进行监测，结合生物学、病理学等相关知识，利用人工智能算法进行数据处理和分析，预测可能出现的疾病情况，并给出相应的诊断和治疗方案，能够提高疾病预测、诊断的准确性与实时性，降低疾病发生率和水产生物死亡率，减少养殖过程中的损失。

1. 水产生物的疾病预测

水产生物的疾病与养殖环境、饲料投喂、药物使用等有直接关系，水产生物的健康状态也能由进食需求、活动频率、体表特征、生长状况等反映出来，借助生物传感、图像识别、图像处理等技术，实时监测养殖环境、养殖操作以及水产生物的行为状态和生理指标，有利于及时发现养殖过程的异常情况，预测水产生物疾病，以便及时采取防治措施。

水产生物疾病预测流程如图 7-6 所示。其中，数据采集环节应用感知设备获取养殖水质环境、气象环境数据，记录饲料/药物的种类和用量、使用时间和频率等信息，同时通过图像采集技术获取水产生物的生长过程图像和行为活动变化等数据；数据处理环节对所有数据进行清洗、处理和整合，形成大量的可供分析的数据集；特征提取环节利用主成分分析、线性判别分析(Linear Discriminant Analysis，LDA)、小波变换、傅里叶变换(Fourier Transform，FT)等特征提取方法从大量的数据中提取出与水产生物疾病最相关且最有代表性的特征(如水产生物的大小、体重、颜色以及生长速率、进食频率、活动速度等)；构建模型环节结合所采集的养殖环境和投喂用药等信息，建立这些因素与水产生物疾病之间的关系模型；模型训练调试环节使用相关的数据集对模型性能进行训练和评估，提高模型的预测准确性和泛化能力；模型应用环节将模型应用于水产生物疾病的实时预测，以尽早发现水产生物疾病的早期迹象，及时采取防治措施。

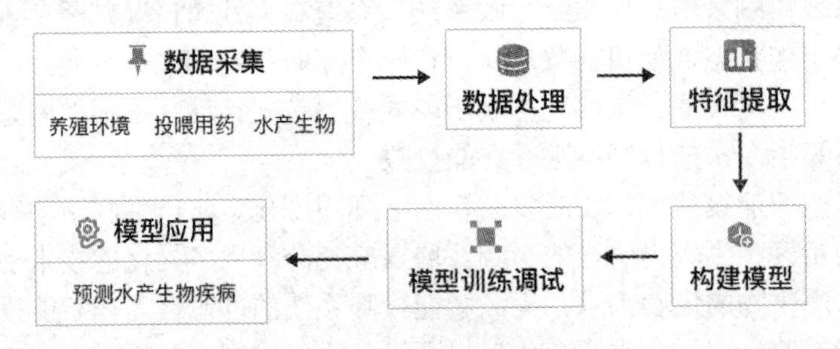

图 7-6 水产生物疾病预测流程

目前已经有不少企业和科研机构在水产生物疾病预测领域进行实践和探索，并取得了一定的进展。水产生物疾病预测需要大量的数据支持，但是数据的来源和质量可能存在不确定性，这往往会影响预测的准确性和可靠性。由于不同的疾病有不同的特点，因此还需要了解水产生物各种疾病的病因、症状、传播途径、发病规律等方面的信息，并对其进行分类，以便更好地构建预测模型。当前的人工智能预测模型的精确性和普适性仍有提升空间，需要优化模型算法和扩大样本规模，以提高模型的精确性和适用性。

2. 水产生物的疾病诊断

水产生物疾病诊断主要通过数据比对、人工智能识别、专家远程诊断来实现，水产生物疾病诊断流程如图 7-7 所示。

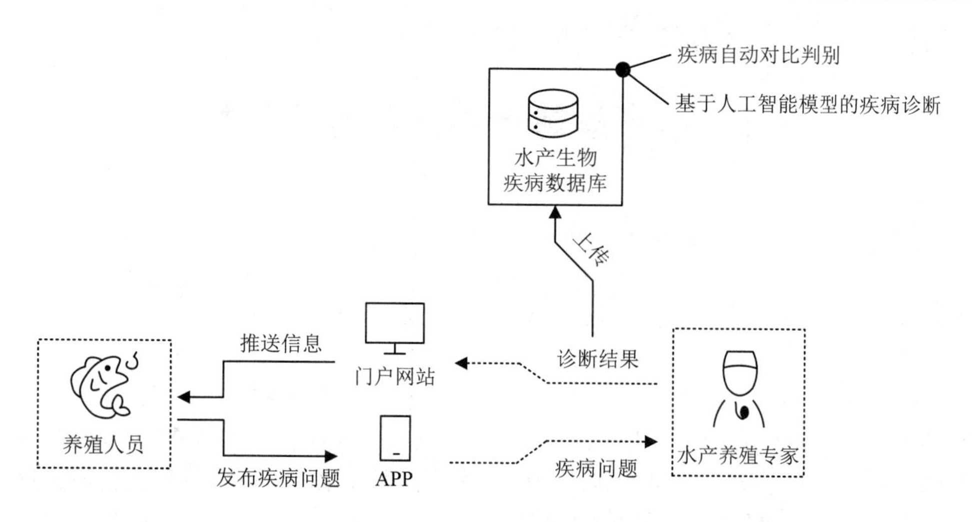

图 7-7　水产生物疾病诊断流程

建立水产生物疾病数据库，将疾病信息与数据库中的数据进行比对，是实时分析疾病的有效方式。水产生物疾病数据库存储的信息包括水产生物疾病防控部门的数据和水产养殖专家诊断所得的疾病数据，前者包含与水产生物疾病相关的专业知识、经证实过的水产生物疾病数据，水产生物疾病防控部门与水产生物疾病数据库实现数据共享和数据同步更新。若发现新型水产生物疾病，相关数据经检验证实后，也统一存储于数据库中。针对不同水产生物疾病应采取的防治措施也加入数据库，便于日后采用。建设一个涵盖各种水产生物疾病数据且质量可靠的数据库是当前需要努力的方向，对数据的处理判定算法也要不断改进，以确保诊断的准确性，当类似疾病再出现时，数据库即可进行自动判别。

基于数据库内的海量数据总结出水产生物疾病发生的规律后，即可构建环境、生物特征等外在因素与水产生物疾病之间的关系模型，掌握水产生物的发病机制，并对模型进行反复训练、优化，后续只要输入水产环境或水产生物特征等相关信息，模型即可自行判断出疾病类型，并给出对应的防治方法。

如果发生在数据库中找不到可匹配疾病种类的情况，则可通过专家系统对疾病进行诊断。专家系统是水产生物疾病诊断的常见应用，借助电脑、手机等设备，养殖人员可与水产养殖专家进行线上诊断交流。根据养殖人员提供的水产生物症状信息，水产养殖专家开展远程诊断，诊断结果可以通过系统反馈给养殖人员，或者以在线交流形式进行疾病防治指导。同时根据专家诊断的结果对水产生物疾病数据库进行更新，当疾病再发生时即可实现自动判别。

随着智能终端的普及，水产生物疾病智能化诊断的应用也变得更加便捷，养殖人员通过 PC 端或手机 APP 端可以获取疾病的发生发展情况，并采取针对性的防治措施，提高疾病防治效率，减少损失。然而，凭借疾病数据库、人工智能模型、专家在线交流平台进行诊断，往往会受到水产生物信息采集不全面、不准确等问题的影响，为进一步提高准确率，仍需要与人工现场诊断相结合。由于水产生物疾病复杂，不同领域的专家和数据来源存在差异，所以还需要建立数据共享和标准化机制，以便于多方数据的整合和分析。此外，由于上述诊断方法都是基于一定疾病表征的诊断，得出诊断结果时可能已经错过了最佳防治时机，因此，还是需要发展基于人工智能的水产生物疾病早期诊断方法，尽可能在发现迹象或疾病初期开展防治工作。

7.5　水产品的产量预测分析系统

水产品的产量预测分析系统是一种基于数据分析、机器学习、数学模型技术，以生产模式、水体环境、气象环境、病害程度等多元数据为依据，结合水产品产量历史数据，构建出水产品产量预测模型，对水产品产量进行趋势预测、时间性预测、分水域预测等多方面分析的系统。

水产品产量预测分析系统主要由数据采集模块、数据处理模块、模型构建模块、数据应用模块组成，其架构如图 7-8 所示。数据采集模块使用传感器等监测设备采集生物种类、水体环境、气象环境、饲料用量、养殖密度、病害情况和水产品产量等历史生产数据，生成数据库；数据处理模块对采集到的数据进行清洗、转换、加工和融合，去除缺失值、异常值、重复值等，使数据更加精确和可靠，并将数据整理成可用于建模的数据集，同时采用数学模型和计算机算法进行数据挖掘、分析和处理，提取与水产品产量相关的数据特征(如均值、方差、最大值、最小值、趋势等)，形成与水产品产量相关的关联规则；模型构建模块根据历史数据集，选择合适的机器学习算法，训练出水产品产量预测模型，用于预测水产品产量，在构建模型的过程中可以将数据集分为训练集和测试集，通过交叉验证等方法进行模型优化，同时评估模型的精确性和可靠性；数据应用模块在数据采集、处理、分析、建模、验证和优化的基础上，预测水产品产量，为水产养殖计划制订、资源配置、成本控制等提供参考。

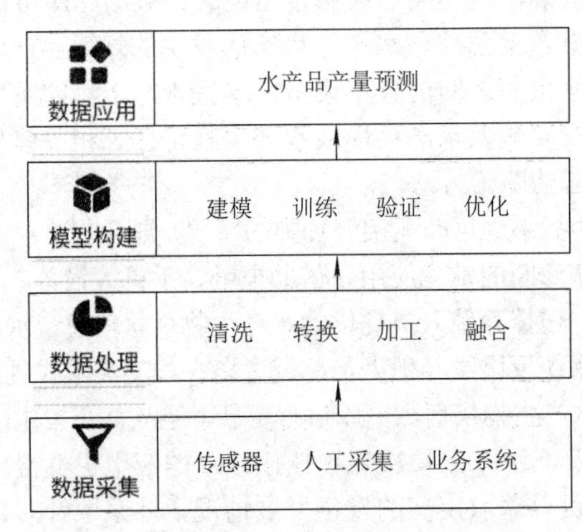

图 7-8　水产品的产量预测分析系统架构

水产品产量预测分析系统的应用范围广泛，可以适应不同的需求。例如，养殖人员可以根据获得的产量预测数据确定下一步的生产管理和市场销售规划，提高运营效率和市场竞争力，还可以通过对采集的数据进行分析，评估养殖规模、养殖方案、生产要素分配的合理性，控制资源消耗和人力成本投入，总结水产养殖规律，降低养殖风险。监管部门利用该系统可以制定水产业管理政策，促进水产业可持续发展。随着相关技术进步和数据的不断积累，构建的预测模型可以依据历史数据和实时数据进行持续优化，以提高预测准确度和稳定性。

7.6　物联网河蟹养殖管理

7.6.1　物联网河蟹养殖管理的现实需求

河蟹市场需求量扩大要求养殖企业不断增加产能，提升产品品质，但传统的河蟹养殖方式相对粗放，难以充分满足市场要求，其固有弊端主要表现为以下几方面：

(1) 自动化水平低。河蟹养殖数据采集依赖于人力手段，生产过程多凭借经验进行决策，而不是精确、可靠的量化数据，出错率高。人工观察河蟹吃食情况，难以进行精准投喂，不能远程自动控制增氧机、投饵机等养殖设备。

(2) 实效性差。因自动化水平低，无法实现对养殖水质、气候等的全天候监测，发生自然灾害和突发事件时不能及时预警并快速处理。

(3) 养殖风险高。没有实时、精确的数据作为依据，容易产生不合理的投喂和用药行为，致使水质恶化，增加水产病害发生的可能性，破坏河蟹质量，养殖风险加大。

(4) 未建立产品溯源体系。未建立产品溯源体系，对河蟹养殖生产流程的监管难度大；蟹产品没有品牌，则产品价格与市场水平相比较为低廉，蟹农收入较低。

河蟹市场需求量扩大对养殖企业提出了发展智慧养殖、增加产能的要求。将物联网应用于河蟹养殖管理，能够克服传统河蟹养殖模式的弊端，提高河蟹养殖信息化水平和生产效益，也能追踪河蟹从苗期到成品蟹接着流入市场的全过程，保障产品质量，还有利于河蟹养殖企业凭借产品品质提升品牌形象。物联网在河蟹养殖中的应用如下：

(1) 环境信息采集和控制。利用物联网可实时监测水产养殖环境，采集水温、pH 值、氨氮、溶解氧、电导率等水质参数数据，并进行自动化调节，以达到改善河蟹养殖环境、增加河蟹养殖量的目的。

(2) 河蟹生长监测。利用物联网可监测河蟹的生活习性、生长状态，掌握其健康状况，及时处理病害情况，改善产品品质，提高经济效益。

(3) 河蟹养殖设备自动控制。物联网可利用传感器感知的水温、氧气等参数，根据具体参数情况打开或关闭相关设备阀门，实现自动调温、增氧等功能。

(4) 河蟹质量安全溯源。利用物联网可以以 RFID、二维码等技术对河蟹进行标识管理，监控整个养殖生产过程，记录有关信息，以便消费者、企业、水产品质量安全监管方追溯河蟹信息。

此外，物联网也可广泛应用于河蟹储存、冷链运输等环节中。

使用物联网辅助河蟹养殖管理，在水质监控、精细投喂、病害防治、质量溯源等环节实现科学管控，可以建立养殖标准化体系，有效避免诸多不良因素，尽管养殖规模扩大，也不会出现因劳动力不足、养殖经验缺乏、管理效率低而影响养殖效益的问题。对养殖企业而言，其应用效益体现在“开源”和“节流”两个方面。

合理的河蟹养殖环境控制和科学投喂，可以减少病害发生，提升河蟹品质；系统实时监测可以有效减轻自然灾害和突发事件对河蟹养殖的影响，降低养殖风险，增加产能；以海量数据分析结果作为依据，可以开辟新的河蟹养殖市场；采用溯源系统提升河蟹的品牌价值，能创造更多的收益。

精确测量和控制各项指标，自动控制养殖设备，有利于节能减排，有效提高资源利用率，从而减少资源投入。相关产品投放后，一个河蟹养殖人员可以管理上百个蟹塘，提高劳动效率，大幅度削减人力成本。物联网设施与水产养殖、生态修复、健康养殖等技术有机融合，对水质进行综合监测和治理，可以改善水质环境，减少水质污染治理支出。

物联网水产养殖大大减少了对人力成本的消耗，通过布局传感器网络可以实时、快速、准确地采集水产养殖相关数据，经分析处理后作为智能管理与控制的依据。物联网是现代水产养殖业的重要支撑，能够克服传统水产养殖模式的弊端，对促进水产养殖业信息化，提高智能化、自动化、规模化水平起着至关重要的作用。

7.6.2　物联网河蟹养殖管理系统

物联网河蟹养殖管理是物联网水产养殖的具体应用，物联网河蟹养殖管理系统架构如图 7-9 所示。

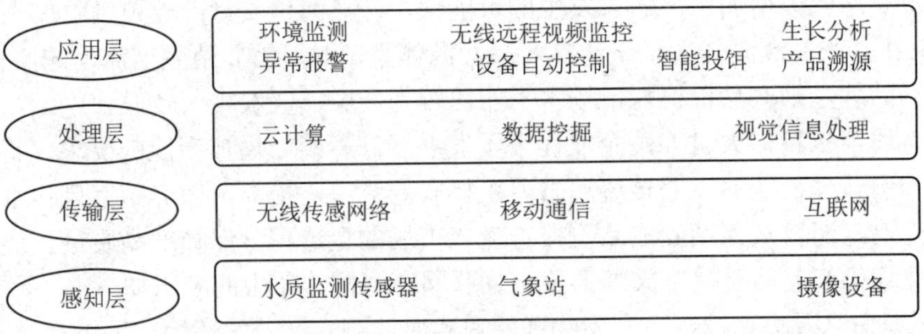

应用层	环境监测　异常报警　无线远程视频监控　设备自动控制　智能投饵　生长分析　产品溯源
处理层	云计算　数据挖掘　视觉信息处理
传输层	无线传感网络　移动通信　互联网
感知层	水质监测传感器　气象站　摄像设备

图 7-9　物联网河蟹养殖管理系统架构

1. 河蟹养殖管理信息感知

在物联网河蟹养殖管理系统中，感知层主要用于感知河蟹养殖信息。河蟹养殖过程中需要监测的水质参数包括水温、水硬度、ORP(氧化还原电位)、溶氧、氨氮、pH 值、亚硝酸盐等，养殖现场布置的温度传感器、溶氧传感器、氨氮传感器等设备，将其各自采集的数据通过 NB-IoT、4G、WLAN 等协议上传至上位控制主机，可替代定期采集、化验池塘水等操作。摄像设备用来采集与养殖基地周围环境、水体颜色、养殖设备运行状态、河蟹生长情况、食物消耗情况等有关的图片与视频信息。水中的溶解氧含量与降雨量、大气压、CO_2 浓度等有关，布设气象站获取这些溶解氧影响因素的数据，可以用来预测溶解氧含量，方便养殖人员采取措施来预防河蟹缺氧死亡。

2. 河蟹养殖管理信息传输与处理

物联网传输层和处理层可对采集到的河蟹养殖数据进行汇聚、传输和处理，为实现远程管理提供保障。其中，传输层主要通过无线传感网络、移动通信技术和互联网进行数据传输，处理层通过云计算、数据挖掘、视觉信息处理等技术完成数据处理。后台系统可对河蟹养殖数据进行存储，形成河蟹养殖知识库并建立数据模型，以备随时进行处理和查询，为后续大范围河蟹养殖数据库的建设积累经验，也可作为河蟹质量安全追溯的其中一个信息源。

3. 河蟹养殖管理的具体应用

物联网应用层将物联网技术与河蟹养殖技术相结合，可实现环境监测、无线远程视频监控、生长分析、异常报警、设备自动控制、智能投饵、产品溯源等功能。环境监测系统、无线远程视频监控系统、生长分析系统、异常报警系统、设备自动控制系统、智能投饵系统、产品溯源系统七个模块相互配合，构成了一个功能完善的物联网河蟹养殖管理系统。

1) 环境监测系统

环境监测系统包含水质监测系统和气象监测系统，可实现对河蟹养殖水质环境和气象环境的实时监测。水质监测系统前端各类传感器采集水质参数数据(水温、水位、pH 值、总硬度、氨氮、溶解氧、亚硝酸盐、硫化氢等)，这些传感器通过 ZigBee、WLAN、移动通信网络等协议自组织形成无线传感网络，通过汇聚节点将数据汇聚到网关，进而通过移动通信网络将数据上传至后台的水质监测中心，水质监测中心提供高效的数据统计、查询、分析、挖掘等功能，管理人员可按需查看数据，再以河蟹养殖水质指标为依据，开展智能化、标准化的水质管理。水质监测系统架构和水质监测设备分别如图 7-10、图 7-11 所示。

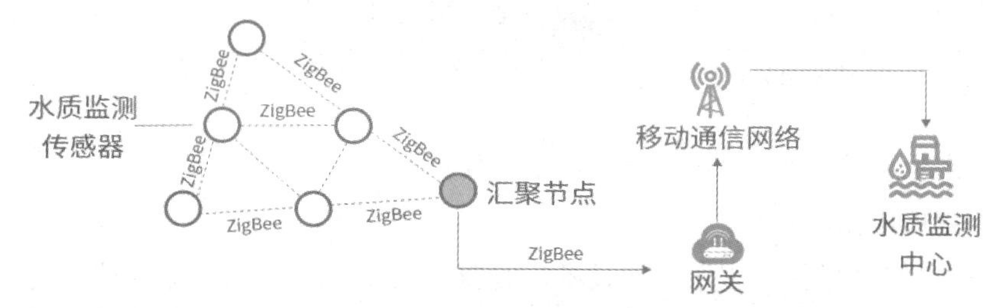

图 7-10　水质监测系统架构

图 7-11　水质监测设备

气温、降水、风速、气压等会对水质环境和河蟹生理活动等产生影响，严重的会造成河蟹大量死亡，因此需要对这些气象因素进行实时监测，以便及时采取预防措施。为方便管理，气象监测可以由集合多种气象监测传感器的气象站实现(见图 7-12)，对影响河蟹生长的气象因素进行自动化监测，所得数据通过无线传感网络和移动通信网络发送至后台，供管理人员使用。

2) 无线远程视频监控系统

无线远程视频监控系统采用点对多点模式，包括水上和水下两套视频监控系统。水上视频监控系统配置多个摄像头，可覆盖整个河蟹养殖区域，并将监控数据实时上传，养殖人员即可观察养殖基地周围环境状况、水体颜色、设备的工作情况等，可实现大面积远景查看和近景观察，减少实地查看产生的人力消耗。水下视频监控系统包含水下照明系统和视频监控系统，水下照明系统负责提供光源；视频监控系统负责采集水下信息，包括河蟹生长及健康状况、食物消耗情况、水草生长状况等，并将数据实时上传至监控平台，以便养殖人员发现河蟹病害情况并及时处理，同时可了解河蟹生长趋势，进行产量预测。

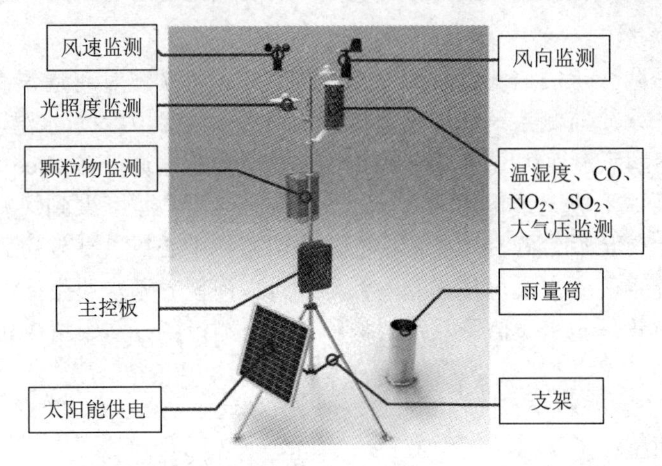

图 7-12　气象站

3) 生长分析系统

生长分析系统是指使用水下摄像设备实时获取河蟹活动的图像等视频数据，结合人工智能技术分析河蟹的行为活动信息，同时通过图像识别技术监测河蟹的面积变化，以便及时发现河蟹生长过程中的异常情况。

4) 异常报警系统

异常报警系统可以在河蟹养殖基地出现水质不良、天气异常、养殖设备停止运转、河蟹病害发生等异常情况时，通过手机短信、APP 等渠道自动报警，以便及时采取措施，减少甚至避免损失。

5) 设备自动控制系统

设备自动控制系统可以根据设定的参数阈值，对增氧机等养殖设备进行智能调节，使河蟹处于最适宜的生长环境。例如，如果将溶解氧传感器、传感控制器、系统平台三者相连，则当系统平台显示溶解氧含量过低时，增氧机会自动打开；当溶解氧含量回到正常水平时，增氧机则自动关闭，养殖人员也可根据实际需求通过智能终端控制增氧机的启停。此外，饲料投喂过多易造成浪费，也会破坏水质，投喂过少则不利于河蟹生长，养殖人员结合养殖规模、养殖环境等实际情况合理安排投喂时间和饲料用量，并将投喂指令发送到系统平台，即可实现定时定量的自动投喂。

6) 智能投饵系统

为适应规模化养殖需求，引入了智能投饵系统，即采用无人艇或无人机投饵，如图 7-13 所示。无人艇兼具水质监测和自动投饵功能，可以根据获取的水质环境信息，不断调整投饵频率和数量，达到科学投饵的目的。选用带有智能撒播系统的无人机进行河蟹投食，既可以节省人力成本，也能使投食过程更加均匀、精准、快速，提高投食质量。

图 7-13　无人艇和无人机投饵

7) *产品溯源系统*

河蟹产品溯源系统是指通过物联网感知单元采集与河蟹生长相关的数据、图像等信息，结合二维码、条码等识别技术，连接河蟹养殖、加工、检验、运输、销售等环节，整合河蟹来源、生长环境、用药情况、生长周期、物流配送等信息。在河蟹产品流通的同时，信息也在产业链各环节与溯源系统之间进行双向流转。河蟹购买者扫描产品包装上的二维码标签，即可获取河蟹信息数据库中存储的河蟹档案。河蟹产品溯源系统架构如图 7-14 所示。河蟹产品溯源系统包含感知层、平台层和用户层。其中，感知层采集各种类型的溯源数据；平台层对溯源数据进行管理；用户层为用户提供查询溯源信息的渠道。

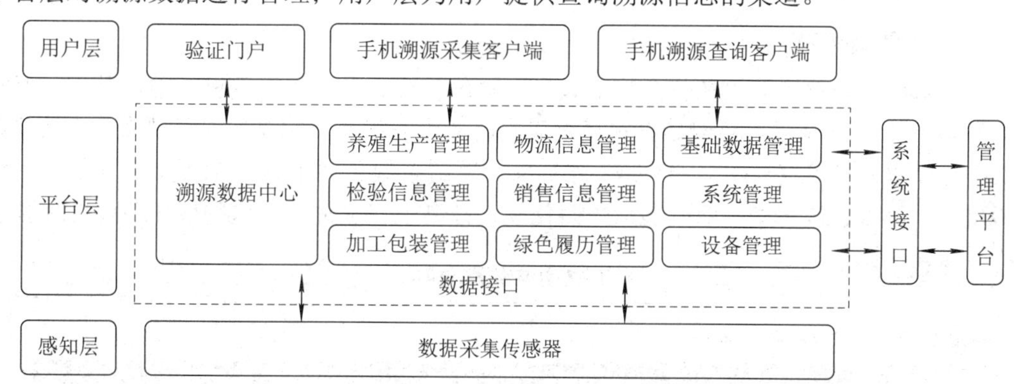

图 7-14　河蟹产品溯源系统架构

通过产品溯源系统可形成从水塘到餐桌的追溯模式，让消费者买到有质量保证的河蟹产品，可以提高消费者的消费信心。对于河蟹养殖企业来说，河蟹产品溯源系统能促进产品流通和出口贸易，塑造品牌形象，从而提高蟹产品的溢价性。在河蟹产品溯源系统的辅助下，监管部门可以有效提高对蟹产品质量的监管能力，规范蟹产品的检验工作，提高监管水平。

7.6.3　智慧河蟹养殖管理系统平台

智慧河蟹养殖管理系统平台是对河蟹养殖进行数字化、智能化管理的综合平台，用于实现应用信息可视化和人机交互，管理人员通过该平台对河蟹养殖过程进行智能化统一管理。智慧河蟹养殖管理系统平台首页如图 7-15 所示，在平台首页能查看数据监测、能源监测、实时监控、溯源产量统计情况、设备状况、报警情况等基本信息。

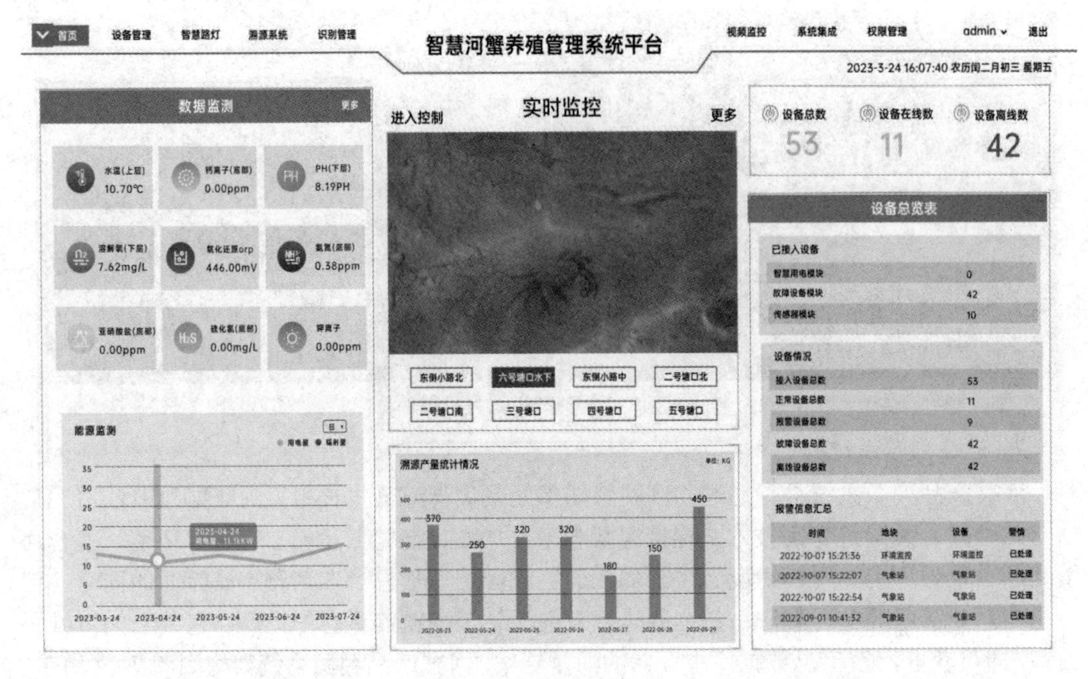

图 7-15　智慧河蟹养殖管理系统平台首页

下面对智慧河蟹养殖管理系统平台的几个主要模块进行介绍。

1. 设备管理模块

设备管理模块包含监测数据、增氧设备、阈值管理、异常报警四种功能，其中，监测数据界面如图 7-16 所示，监测数据包括水质实时监测数据和气象站实时监测数据，选择数据类型和位置，即可查看相应的数据。水质实时监测参数包括水温、pH 值、溶解氧、氧化还原电位、氨氮、钙离子、亚硝酸盐、硫化氢、钾离子、水位等，这些数据均可实时显示

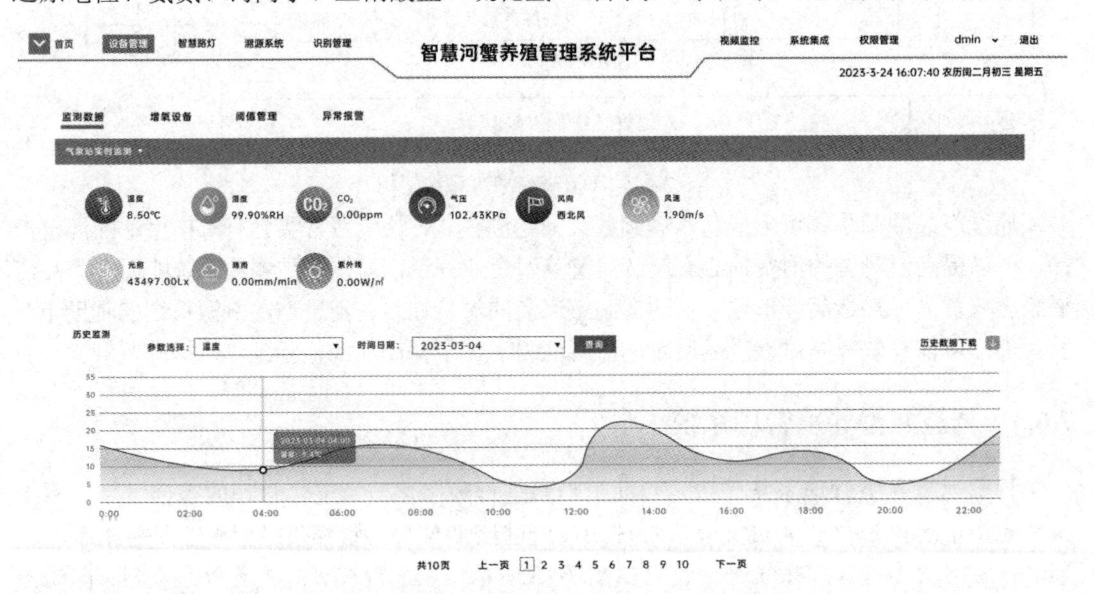

图 7-16　监测数据界面

(图 7-16 中未显示)；气象站实时监测的参数包括温度、湿度、CO_2、气压、风向、风速、光照、降雨和紫外线。选择具体参数、时间和日期可以查询相应历史监测数据，这些数据是以坐标图的形式显示出来的。如图 7-17 所示，单击图 7-16 中监测数据界面中的“历史数据下载”按钮，即可弹出“导出选项”窗口，在窗口中选择需要导出的数据类型和日期，即可将历史数据以表格形式保存下来。

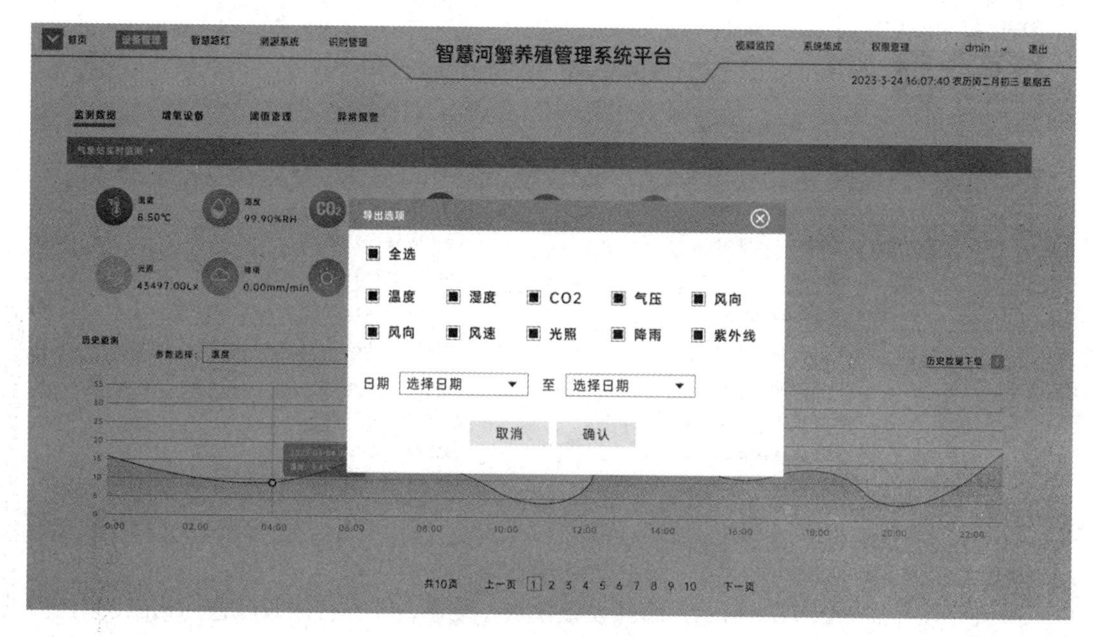

图 7-17　数据导出界面

增氧设备界面如图 7-18 所示，选择位置和时间日期即可查询相应的增氧情况和溶解氧报警情况。

首页　设备管理　智慧路灯　溯源系统　识别管理　**智慧河蟹养殖管理系统平台**　视频监控　系统集成　权限管理　admin　退出

2023-3-24 16:07:40 农历闰二月初三 星期五

监测数据　增氧设备　阈值管理　异常报警

位置：塘口一　选择时间日期：全部　查询　增氧控制

位置	开始日期	结束时间	溶解氧报警
塘口一	2022-09-05 12:49:41		0低于最低阈值5mg/L
塘口一	2022-09-01 14:09:09	2022-09-01 15:33:49	0低于最低阈值5mg/L
塘口一	2022-04-28 07:34:32	2022-04-28 07:37:04	4.913低于最低阈值5mg/L
塘口一	2022-04-28 07:26:51	2022-04-28 07:28:42	4.9959低于最低阈值5mg/L
塘口一	2022-04-28 04:18:38	2022-04-28 07:02:28	4.9482低于最低阈值5mg/L
塘口一	2022-04-28 04:13:28	2022-04-28 04:17:08	4.9602低于最低阈值5mg/L
塘口一	2022-04-28 04:04:36	2022-04-28 04:12:48	4.9605低于最低阈值5mg/L
塘口一	2022-04-28 03:45:18	2022-04-28 04:04:16	4.9812低于最低阈值5mg/L
塘口一	2022-04-28 03:42:57	2022-04-28 03:44:48	4.9671低于最低阈值5mg/L
塘口一	2022-04-28 03:34:35	2022-04-28 03:42:37	4.9742低于最低阈值5mg/L

共10页　上一页 1 2 3 4 5 6 7 8 9 10 下一页

图 7-18　增氧设备界面

在增氧设备界面选择具体位置并单击“增氧控制”按钮即可进入相应塘口的增氧控制界面，如图 7-19 所示，在该界面可对增氧机的启停进行控制，也可以勾选“自动控制增氧机”选项，使系统根据溶解氧的实时浓度和预先设定的阈值自动控制增氧机的启停。

首页
设备管理
智慧路灯
溯源系统
识别管理
智慧河蟹养殖管理系统平台
视频监控
系统集成
权限管理
admin
退出
2023-3-24 16:07:40 农历闰二月初三 星期五
增氧机一
开始增氧
增氧机已关闭
自动控制增氧机
返回
选择时间日期：
全部
查询
返回
开始日期
结束时间
2022-07-05 08:56:50
2022-07-05 08:56:50
2022-05-16 16:08:43
2022-05-16 16:09:01
2022-04-25 09:59:40
2022-04-25 09:59:42
2022-04-23 14:15:17
2022-04-23 14:15:25
2022-04-23 11:16:30
2022-04-23 11:20:34
2022-04-19 09:38:03
2022-04-19 09:38:05
2022-04-19 09:37:04
2022-04-19 09:37:06
2022-04-14 18:12:54
2022-04-14 18:13:01
共10页
上一页 1 2 3 4 5 6 7 8 9 10 下一页

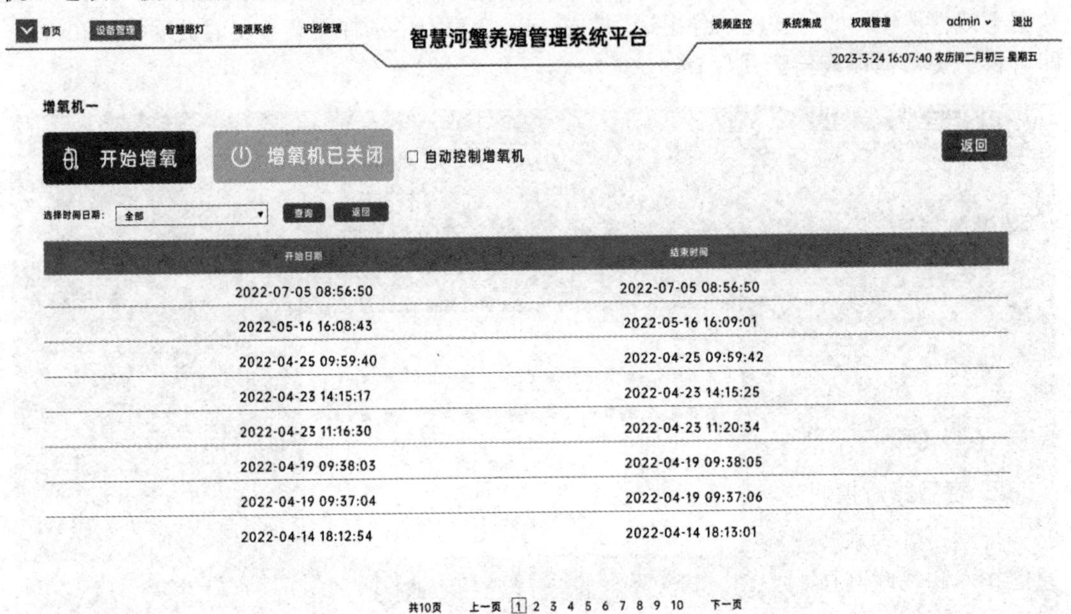

图 7-19　增氧控制界面

阈值管理界面如图 7-20 所示，选择设备模块、位置、设备名称即可查询相应的阈值设定信息，也可以在操作栏新增或删除阈值设定。

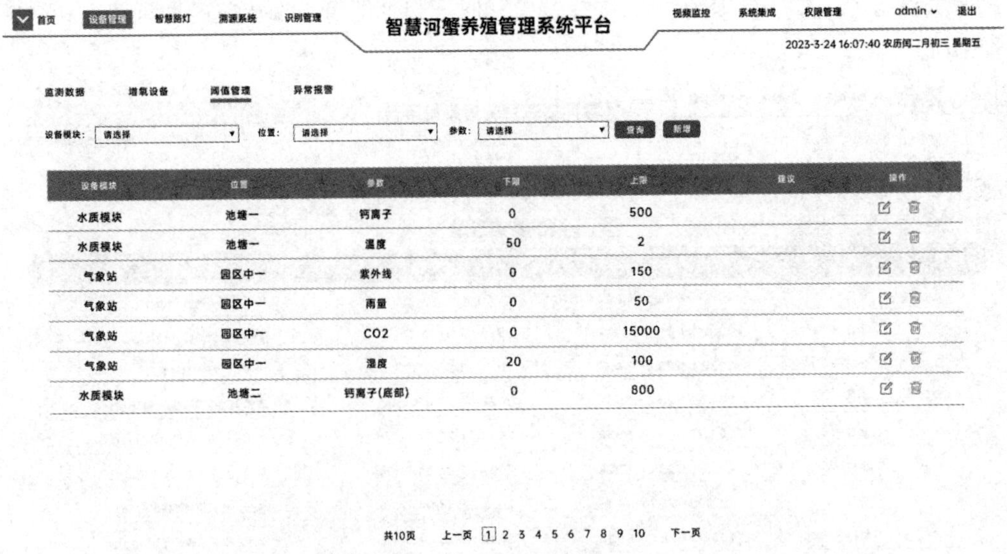

首页
设备管理
智慧路灯
溯源系统
识别管理
智慧河蟹养殖管理系统平台
视频监控
系统集成
权限管理
admin
退出
2023-3-24 16:07:40 农历闰二月初三 星期五
监测数据
增氧设备
阈值管理
异常报警
设备模块：
请选择
位置：
请选择
参数：
请选择
查询
新增
设备模块
位置
参数
下限
上限
建议
操作
水质模块 池塘一 钙离子 0 500
水质模块 池塘一 温度 50 2
气象站 园区中一 紫外线 0 150
气象站 园区中一 雨量 0 50
气象站 园区中一 CO2 0 15000
气象站 园区中一 湿度 20 100
水质模块 池塘二 钙离子(底部) 0 800
共10页
上一页 1 2 3 4 5 6 7 8 9 10 下一页

图 7-20　阈值管理界面

异常报警界面如图 7-21 所示，报警信息包括报警建议、设备模块、位置、参数、首次报警时间、最新报警时间、预警状态和处理时间，选择设备模块、位置和预警状态即可查询相应的报警信息。

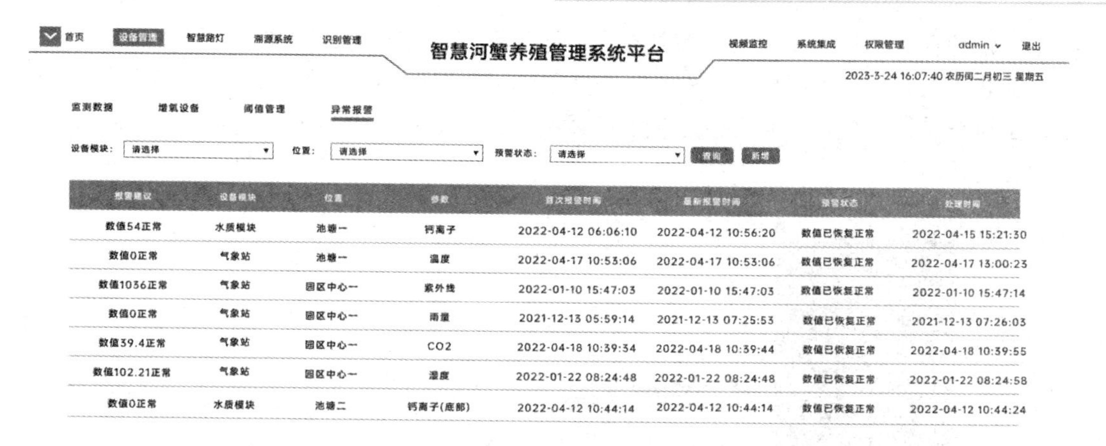

图 7-21　异常报警界面

2. 智慧路灯模块

智慧路灯为水产养殖提供全新的智能化解决方案。智慧路灯应用了现代传感器技术、通信技术和物联网技术，除了基本的照明功能，还能实时反馈工作状态、能耗等信息，实现远程管理，降低管理成本。智慧路灯也采用了多功能一体化设计，集成了视频监控、环境传感、无线传输等功能，将其应用于水产养殖领域，可以提高水产养殖管理的便利性和安全性。此外，与传统路灯相比，智慧路灯的能源利用率更高，有助于减少水产养殖领域的能源消耗和碳排放，进而推动农业碳中和目标的实现。

智慧路灯模块包含“灯控管理”和“环境监控”两种功能，灯控管理界面如图 7-22 所示，其中包括市电智慧路灯灯控和太阳能智慧路灯灯控两种平台。市电智慧路灯灯控平台可实现对路灯状态、能源消耗量、报警信息、电费数额等信息的查询和管理。太阳能智慧路灯灯控平台包含项目概要、项目管理、视频监控、天气监控、GIS 数据、告警维修、历史数据、用户管理、操作日志等功能模块，用户可根据需求单击进入相应模块，完成设备管理、数据信息查看等操作。

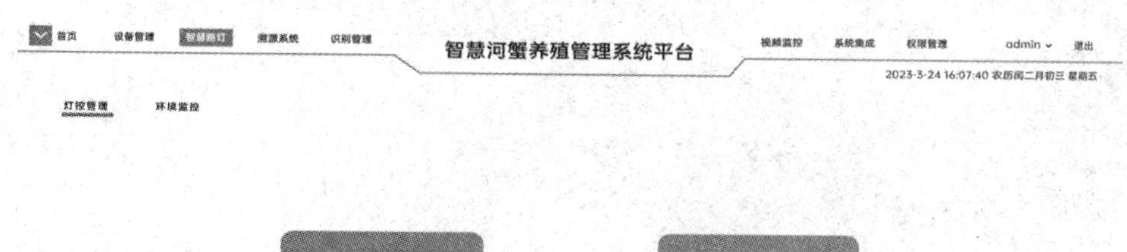

图 7-22　灯控管理界面

在灯控管理界面单击“市电智慧路灯灯控”图标，即可登录市电智慧路灯灯控平台，在“智慧照明”的下拉菜单中单击“资产概览”栏，即可进入如图 7-23 所示的资产概览界面，可以查看路灯统计、路灯总电量曲线图、资产信息、资产日志以及不同时间跨度的用电量等信息。

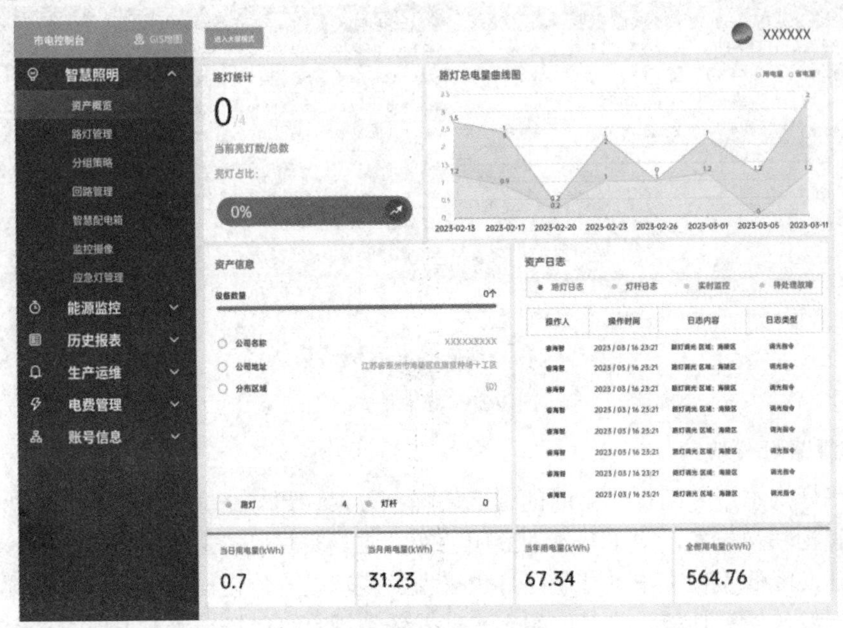

图 7-23　资产概览界面

在图 7-23 所示界面中单击“GIS 地图”(屏幕左上角)，可进入智慧路灯所在城市的 GIS 地图界面，如图 7-24 所示，可以查看路灯所在位置和路灯状态、亮度、电压、电流、功率、亮灯时长等信息。

图 7-24　GIS 地图界面

在图 7-23 所示界面中单击“路灯管理”栏，即可进入如图 7-25 所示的路灯管理界面。单击路灯操作栏的历史报表按钮，可以查看该路灯的历史数据，如图 7-26 所示。单击“添加”按钮，输入相应的信息，即可添加路灯，如图 7-27 所示。

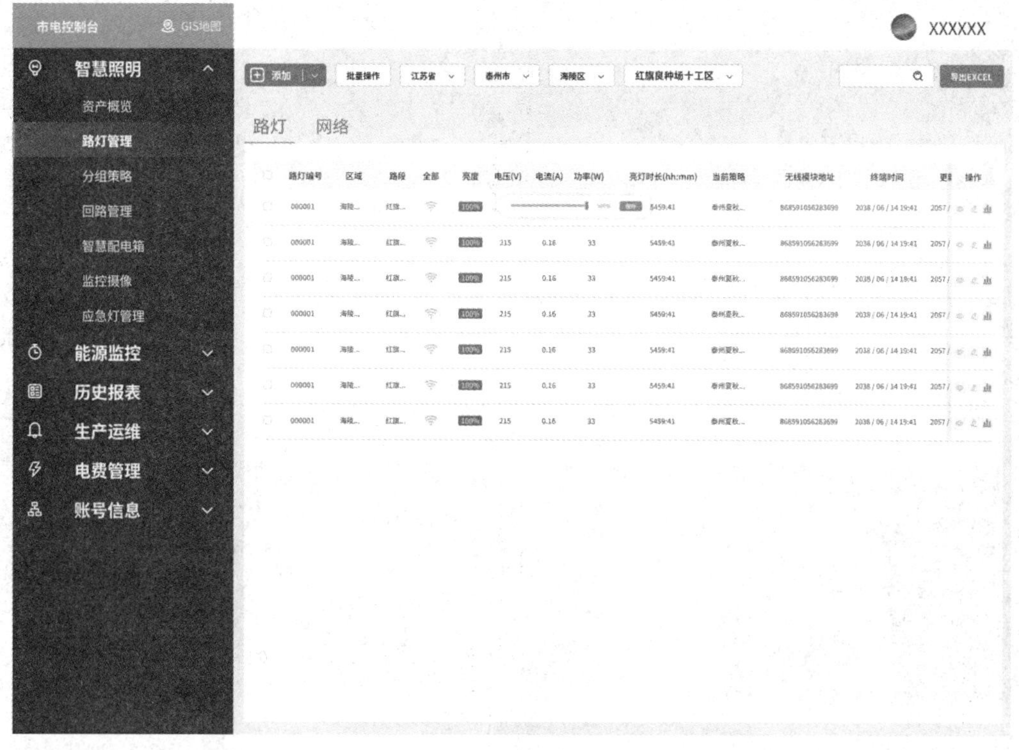

图 7-25　路灯管理界面

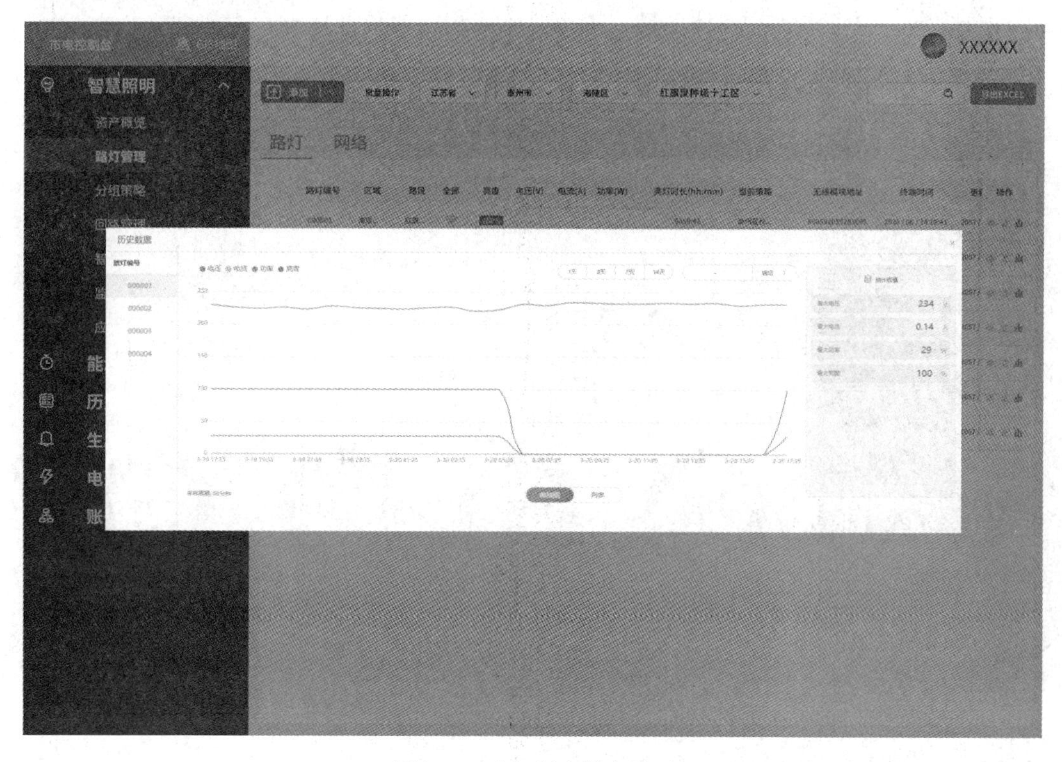

图 7-26　路灯历史报表界面

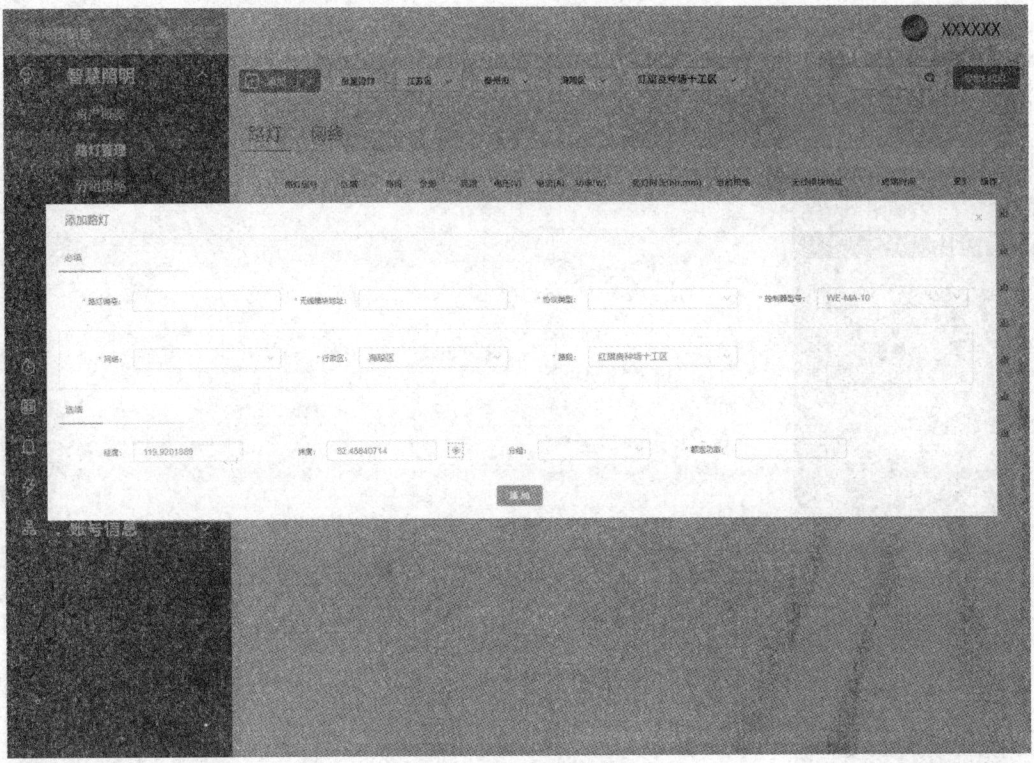

图 7-27 添加路灯界面

能源监控界面如图 7-28 所示，选择地区和时间可以查看相应的累计用电量、累计省电量、累计电费、节省电费的具体信息，也可以生成相应的数据报表。

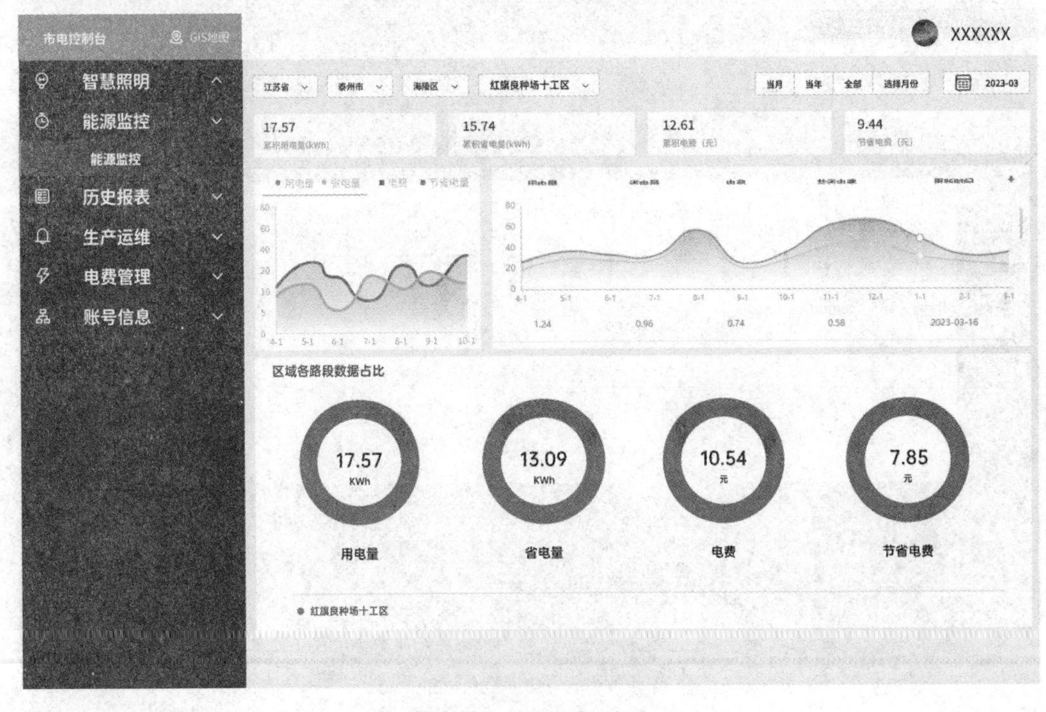

图 7-28 能源监控界面

在如图 7-22 所示的灯控管理界面单击“太阳能智慧路灯灯控”图标，即可登录太阳能智慧路灯灯控平台，其界面如图 7-29 所示。单击“项目管理”可进入如图 7-30 所示界面，在该界面可以进行路灯亮度调节、添加设备、导出路灯数据等操作。单击“告警维修”可进入如图 7-31 所示界面，在该界面可以查看详细的告警信息，并可通过关键词、时间、类型、标注等进行筛选查询。

图 7-29　太阳能智慧路灯灯控平台界面

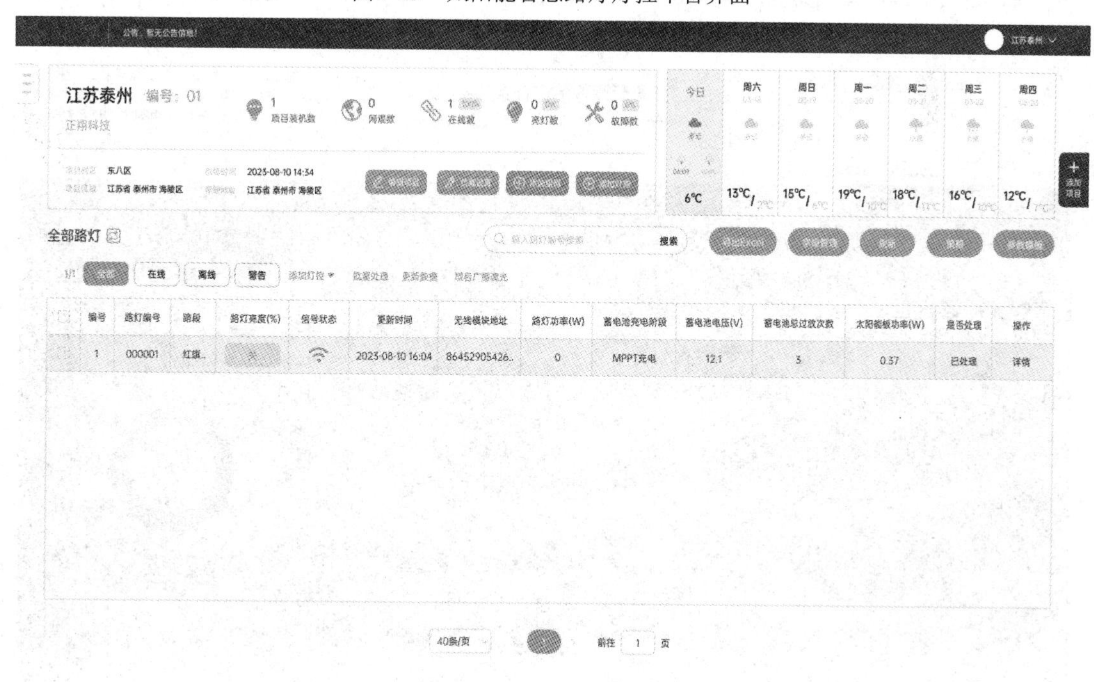

图 7-30　项目管理界面

公告：暂无公告信息！ 江苏泰州

告警时间 历史告警 巡检设置 导出Excel 打印列表 刷新

搜索 输入关键字进行搜索 时间 开始时间 - 结束时间 类型 全部 标注 全部

编号	项目名称	报警路灯	报警事件	是否已处理	更新时间
1	江苏泰州	000001	BMS过冲保护	已处理	2023-08-10 16:56
2	江苏泰州	000001	蓄电池过放	已处理	2023-08-10 16:56
3	江苏泰州	000001	BMS过冲保护	已处理	2023-08-10 16:56
4	江苏泰州	000001	蓄电池过放	已处理	2023-08-10 16:56
5	江苏泰州	000001	蓄电池过放	已处理	2023-08-10 16:56
6	江苏泰州	000001	BMS过冲保护，蓄电池过放	已处理	2023-08-10 16:56
7	江苏泰州	000001	蓄电池过放	已处理	2023-08-10 16:56
8	江苏泰州	000001	蓄电池过放	已处理	2023-08-10 16:56
9	江苏泰州	000001	蓄电池过放	已处理	2023-08-10 16:56
10	江苏泰州	000001	BMS过冲保护，蓄电池过放	已处理	2023-08-10 16:56
11	江苏泰州	000001	蓄电池过放	已处理	2023-08-10 16:56

20条/页 1 2 3 4 5 6 … 14 前往 1 页

图 7-31　告警信息界面

在如图 7-22 所示的灯控管理界面单击“环境监控”可进入如图 7-32 所示的环境监控界面，在该界面输入设备编号可以查询相应设备的地址、状态等信息，单击操作栏中的“详情”按钮，可以查看智慧路灯搭载的设备所监测的环境参数数据、设备状态、报警原因等信息。

图 7-32　环境监控界面

3. 溯源系统模块

溯源系统模块包含产量统计、出产溯源、销售门店三种功能。其中，产量统计界面如图 7-33 所示，产量统计信息包括提交时间、位置、品种名称、品质、总量、已出产量、剩余产量和淘汰率，在操作栏可以新增或删除产量统计信息，输入关键词也可以查询到相关的产量统计信息。

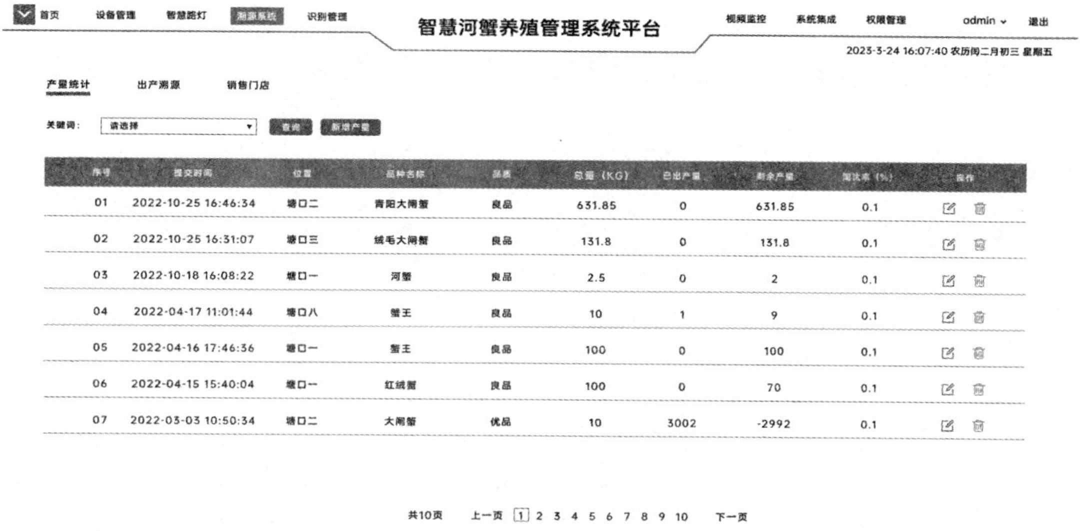

首页　设备管理　智慧路灯　溯源系统　识别管理　**智慧河蟹养殖管理系统平台**　视频监控　系统集成　权限管理　admin　退出

2023-3-24 16:07:40 农历闰二月初三 星期五

产量统计　出产溯源　销售门店

关键词：请选择　查询　新增产量

序号	提交时间	位置	品种名称	品质	总量（KG）	已出产量	剩余产量	淘汰率（%）	操作
01	2022-10-25 16:46:34	塘口二	青阳大闸蟹	良品	631.85	0	631.85	0.1	
02	2022-10-25 16:31:07	塘口三	绒毛大闸蟹	良品	131.8	0	131.8	0.1	
03	2022-10-18 16:08:22	塘口一	河蟹	良品	2.5	0	2	0.1	
04	2022-04-17 11:01:44	塘口八	蟹王	良品	10	1	9	0.1	
05	2022-04-16 17:46:36	塘口一	蟹王	良品	100	0	100	0.1	
06	2022-04-15 15:40:04	塘口一	红绒蟹	良品	100	0	70	0.1	
07	2022-03-03 10:50:34	塘口二	大闸蟹	优品	10	3002	-2992	0.1	

共10页　上一页 1 2 3 4 5 6 7 8 9 10 下一页

图 7-33　产量统计界面

出产溯源界面如图 7-34 所示，出产溯源信息包括提交时间、位置、品种名称、溯源码、数量、销售门店、产地、质检报告和二维码，在其后的操作栏可以进行导出数据、新增或删除溯源信息的操作，选择日期和溯源码可以查询相应的溯源信息。

首页　设备管理　智慧路灯　溯源系统　识别管理　**智慧河蟹养殖管理系统平台**　视频监控　系统集成　权限管理　admin　退出

2023-3-24 16:07:40 农历闰二月初三 星期五

产量统计　出产溯源　销售门店

溯源码：　查询　新增产量　修改头图

序号	提交时间	位置	品种名称	溯源码	数量	销售门店	产地	质检报告	二维码	操作
01	2023-02-21 15:49:31	塘口二	大闸蟹	202302210158	1500	泰州三店	江苏省泰州市....			
01	2023-02-21 15:45:17	塘口三	青阳大闸蟹	202302210157	1500	泰州三店	江苏省泰州市....			
01	2022-04-18 09:38:19	塘口八	蟹王	202204180155	1	泰州二店	江苏省泰州市....			
01	2022-04-16 18:15:29	塘口二	青阳大闸蟹	202204160154	1	泰州一店	江苏省泰州市....			
01	2022-04-16 17:31:23	塘口二	蟹王	202204160153	1	泰州一店	江苏省泰州市....			
01	2022-04-15 16:26:54	塘口一	阳澄湖大闸蟹	202204150152	20	泰州二店	江苏省泰州市....			
01	2022-04-15 15:45:52	塘口一	太湖蟹	202204150142	10	泰州二店	江苏省泰州市....			

共10页　上一页 1 2 3 4 5 6 7 8 9 10 下一页

图 7-34　出产溯源界面

销售门店界面如图 7-35 所示，销售门店信息包括门店编号、门店名称、门店地址、门店联系电话和负责人，在其后的操作栏也可以进行新增或删除门店信息的操作，数据可以导出。

序号	门店编号	门店名称	门店地址	门店联系电话	负责人	操作
01	7032	泰州二店	江苏省泰州市....	18726224127	水春齐	
02	3643	泰州一店	江苏省泰州市....	17048518186	俞甜	
03	2558	泰州三店	江苏省泰州市....	13173542277	马雨涵	
04	1358	泰州四店	江苏省泰州市....	18780685717	刘雅涵	
05	6066	泰州五店	江苏省泰州市....	17050411269	魏嘉乐	
06	7527	泰州六店	江苏省泰州市....	13150691210	和佳惠	
07	5798	泰州七店	江苏省泰州市....	13237213944	费萌	

图 7-35　销售门店界面

4. 电子围栏模块

单击平台左上角首页前的翻页图标，可进入下一页，如图 7-36 所示，该页的第一项就是电子围栏。电子围栏模块包含外围设备、内围设备、红外抓拍和报警信息四种功能。外围设备、内围设备界面分别如图 7-36 和图 7-37 所示，在两个界面均可以查看具体设备的位置、设备号、报警次数、最后报警时间、最后更新时间、状态等信息，选择位置和状态也可以查询到相应的信息。

电子围栏　能源监控　投饵撒药　权限管理

智慧河蟹养殖管理系统平台

admin　退出

2021-03-14 10:24:26 农历二月十二 星期三

外围设备　内围设备　红外抓拍　报警信息

位置：全部　状态：全部　查询

设备	位置	设备号	报警次数	最后报警时间	最后更新时间	状态
红外对射组一	外围西北角	4F45410301400001	598	2022-04-19 09:17:34	2022-04-19 09:17:34	● 离线
红外对射组二	外围墙东北角	4F45410301400002	7516		2022-04-19 09:13:53	● 在线
红外对射组三	外围西北角	4F45410301400003	2828	2022-04-22 20:55:40	2022-04-22 20:55:40	● 在线
红外对射组四	外围西北角	4F45410301400004	573	2022-04-26 00:38:22	2022-04-26 00:38:22	● 在线
红外摄像头一	外围西北角	4F45410301400014	670	2023-03-23 18:33:50	2023-02-23 10:59:40	● 在线
红外摄像头二	外围西北角	4F45410301400012	3026	2022-09-19 17:27:12	2022-10-12 11:50:13	● 离线
红外摄像头三	外围西北角	4F45410301400011	232		2022-04-19 15:02:41	● 在线
红外摄像头四	外围西北角	4F45410301400019	928		2022-04-19 15:02:41	● 离线

共10页　上一页　1 2 3 4 5 6 7 8 9 10　下一页

图 7-36　外围设备界面

设备	位置	设备号	报警次数	最后报警时间	最后更新时间	状态
红外传感光栅组28	塘口一	4F45410301300012	817	2022-04-28 08:59:56	2022-07-28 12:52:06	● 离线
红外传感光栅组45	塘口一	4F45410301300011	319	2022-06-04 21:16:24	2022-10-31 18:19:18	● 在线
红外传感光栅组19	塘口一	4F45410301300013	242	2023-02-28 15:01:32	2023-02-28 19:21:44	● 离线
红外传感光栅组63	塘口一	4F45410301300014	601	2023-02-28 17:01:37	2023-02-28 19:01:43	● 离线
红外传感光栅组84	塘口一	4F45410301300015	705	2023-02-28 17:11:42	2023-02-28 19:11:43	● 在线
红外传感光栅组41	塘口一	4F45410301300016	901		2021-11-09 11:52:32	● 离线
红外传感光栅组45	塘口一	4F45410301300017	530		2021-11-09 11:13:22	● 离线
红外传感光栅组56	塘口一	4F45410301300018	609		2021-10-08 17:51:49	● 在线

图 7-37　内围设备界面

红外抓拍界面如图 7-38 所示，在该界面可以查看红外摄像头的位置、抓拍时间、抓拍照片，在操作栏可以进行放大、编辑、删除对应的照片或数据信息的操作。

电子围栏　能源监控　投饵撒药　权限管理

智慧河蟹养殖管理系统平台

admin　退出

2023-3-24 16:07:40 农历闰二月初三 星期五

外围设备　内围设备　红外抓拍　报警信息

日期时间：全部　位置：全部　查询

设备	位置	抓拍时间	抓拍照片	操作
红外摄像头一	外围东南角	2022-06-06 12:41:10		
红外摄像头一	外围东南角	2022-08-17 11:20:13		
红外摄像头一	外围东南角	2022-09-08 08:43:40		
红外摄像头一	外围东南角	2022-09-08 08:40:32		
红外摄像头一	外围东南角	2022-06-27 12:36:12		
红外摄像头一	外围东南角	2022-06-27 12:44:48		
红外摄像头一	外围东南角	2022-06-27 12:30:39		
红外摄像头一	外围东南角	2022-06-27 12:57:24		

共10页　上一页 1 2 3 4 5 6 7 8 9 10 下一页

图 7-38　红外抓拍界面

报警信息界面如图 7-39 所示，报警信息包括设备、位置、设备号、报警时间、状态、处理时间和情况备注，单击右上角的“快速处理”按钮可以对报警信息进行批量处理。

图 7-39 报警信息界面

5. 投饵撒药模块

投饵撒药模块包含投饵记录和撒药记录两种功能，投饵记录界面和撒药记录界面分别如图 7-40 和图 7-41 所示，在两个界面中均包含时间、位置、饲料/药品品牌、次数、投放量、操作人等信息，选择位置和时间日期即可查询相应的投饵/撒药记录，记录可以导出。

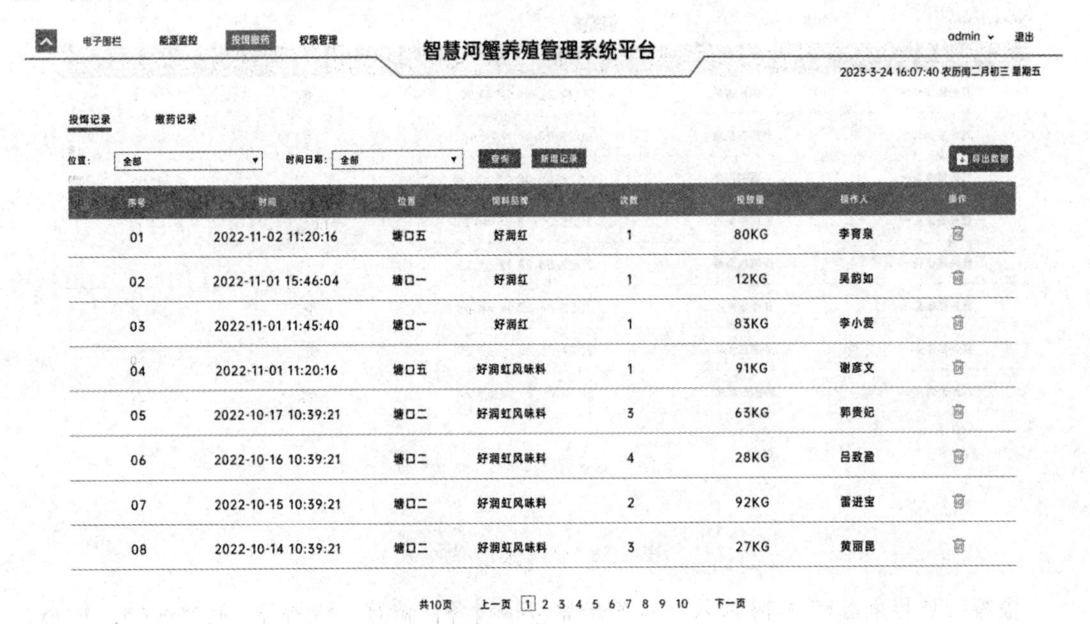

图 7-40 投饵记录界面

电子围栏　能源监控　投饵撒药　权限管理　智慧河蟹养殖管理系统平台　admin　退出

2023-3-24 16:07:40 农历闰二月初三 星期五

投饵记录　撒药记录

位置：全部　时间日期：全部　查询　新增记录　导出数据

序号	时间	位置	药物品牌	次数	投放量	操作人	操作
01	2022-07-15 17:00:21	塘口四	新生立佳，氧丹	1	75KG	李育泉	
02	2022-07-15 16:34:21	塘口三	新生立佳，氧丹	1	20KG	吴韵如	
03	2022-07-15 10:31:21	塘口二	新生立佳，氧丹	1	93KG	李小爱	
04	2022-07-15 10:13:22	塘口六	氧丹，新生立佳	1	40KG	谢彦文	
05	2022-07-15 10:02:21	塘口一	氧丹，新生立佳	1	13KG	郭贵妃	
06	2022-07-15 09:46:22	塘口五	氧丹，新生立佳	1	29KG	吕致盈	
07	2022-07-13 10:13:22	塘口六	超能粒，氧丹	2	54KG	雷进宝	
08	2022-07-12 16:59:21	塘口四	超能粒，氧丹	2	85KG	黄丽昆	

共10页　上一页　1 2 3 4 5 6 7 8 9 10　下一页

图 7-41　撒药记录界面

6. 权限管理模块

权限管理界面如图 7-42 所示，权限管理模块分为权限分配、角色管理和日志管理三种功能，可以设置系统用户的权限范围，管理系统操作日志。

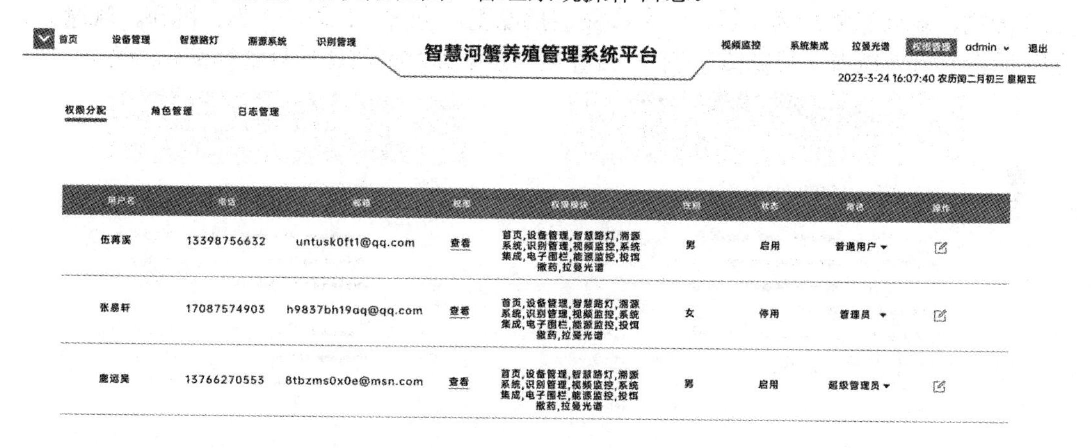

首页　设备管理　智慧路灯　溯源系统　识别管理　智慧河蟹养殖管理系统平台　视频监控　系统集成　拉曼光谱　权限管理　admin　退出

2023-3-24 16:07:40 农历闰二月初三 星期五

权限分配　角色管理　日志管理

用户名	电话	邮箱	权限	权限模块	性别	状态	角色	操作
伍茜溪	13398756632	untusk0ft1@qq.com	查看	首页,设备管理,智慧路灯,溯源系统,识别管理,视频监控,系统集成,电子围栏,能源监控,投饵撒药,拉曼光谱	男	启用	普通用户	
张易轩	17087574903	h9837bh19aq@qq.com	查看	首页,设备管理,智慧路灯,溯源系统,识别管理,视频监控,系统集成,电子围栏,能源监控,投饵撒药,拉曼光谱	女	停用	管理员	
鹿运昊	13766270553	8tbzms0x0e@msn.com	查看	首页,设备管理,智慧路灯,溯源系统,识别管理,视频监控,系统集成,电子围栏,能源监控,投饵撒药,拉曼光谱	男	启用	超级管理员	

共10页　上一页　1 2 3 4 5 6 7 8 9 10　下一页

图 7-42　权限管理界面

7.6.4　物联网河蟹养殖管理 APP

物联网河蟹养殖管理 APP 的功能与物联网河蟹养殖管理系统平台同步。物联网河蟹养殖管理的 APP 首页如 7-43 所示，共包含水质监测、气象监测、水上视频、水下视频、增氧设备、能源监控六个功能模块，单击各功能模块即可进入对应的管理界面。

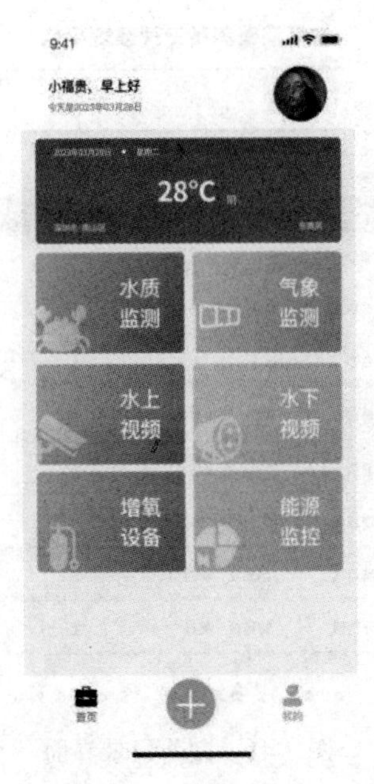

图 7-43　APP 首页

水质监测和气象监测是实时进行的，二者的实时监测数据界面如图 7-44 所示。所监测的水质参数包括水温(上层、下层)、pH 值、溶解氧、氧化还原 ORP(电位)、氨氮、钙离子、亚硝酸盐、硫化氢和钾离子等，气象参数包括温度、湿度、CO_2、气压、风向、风速、光照、降雨、紫外线等，可以按年/月/日查看某一项参数数据的具体数值和变化趋势。

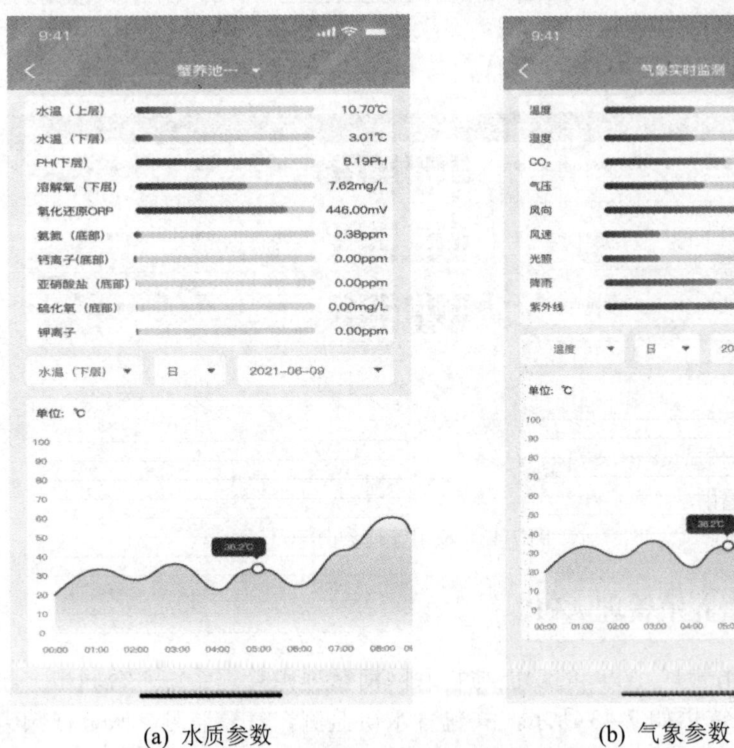

(a) 水质参数　　　　(b) 气象参数

图 7-44　实时监测数据界面

水上视频监控界面和水下视频监控界面如图 7-45 所示，实时监控视频右上角显示监控位置，单击监控视频即可进入相应的监控调整界面，可旋转摄像头和查看视频回放。

增氧设备界面如图 7-46 所示，可以手动选择开始增氧或关闭增氧，也可以选中“自动控制增氧机”选项来自动控制增氧机，让系统根据实时的溶解氧参数变化和预先设定的阈值自动控制增氧机的启/停。

(a) 水上　　(b) 水下

图 7-45　视频监控界面

图 7-46　增氧设备界面

能源监控采用远传电表和太阳能辐射表两种监控方式，如图 7-47 所示，可以查看远传电表监控的本日平均每小时耗电量、本日平均每台耗电量、本日总耗电量(见图 7-47(a))，也可以查看太阳能辐射表监控的辐射量最高时间、总辐射量信息，可以按年/月/日筛选需要查看的数据，数据以趋势图形式显示。

在 APP 首页单击我的按钮，进入我的界面，如图 7-48 所示，在该界面包含阈值管理、报警异常、电子围栏、系统设置四个功能模块。

阈值管理界面如图 7-49 所示，可以根据实际情况设定养殖区域内水质环境、气象环境监测设备所监测参数的阈值范围，可以通过选择设备模块、位置或环境参数选择查看相应的阈值设置情况。

(a) 远传电表　　(b) 太阳能辐射表

图 7-48　我的界面

图 7-47　能源监控界面

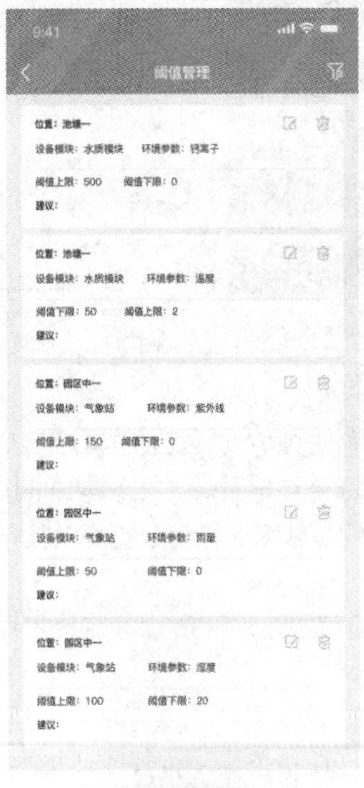

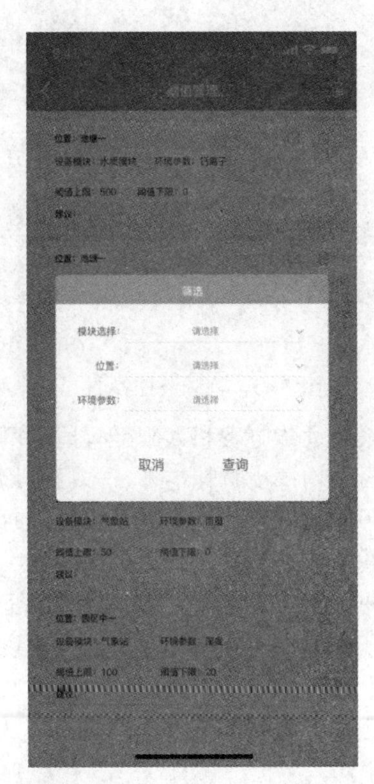

图 7-49　阈值管理界面

报警异常界面如图 7-50 所示，若实时监测数据超出阈值范围，系统则会自动发出报警信息，可以通过选择设备模块、位置或预警状态选择查看相应的报警信息。

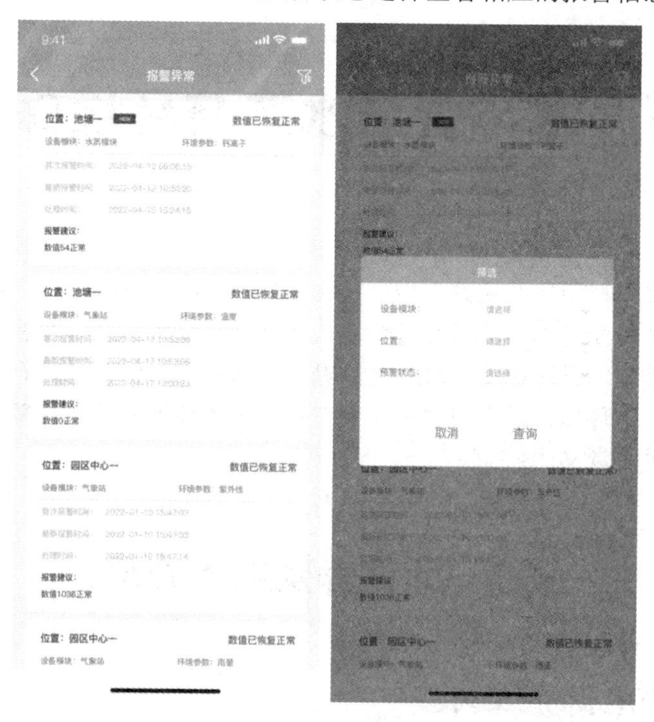

图 7-50　报警异常界面

电子围栏界面如图 7-51 所示，其中，红外抓拍信息包括位置、设备和抓拍时间；电子围栏报警信息包括位置、设备、设备号、报警时间、处理状态、处理时间，用户在处理报警信息时可以进行情况备注，选择位置、时间日期也可以查看相应的报警信息。

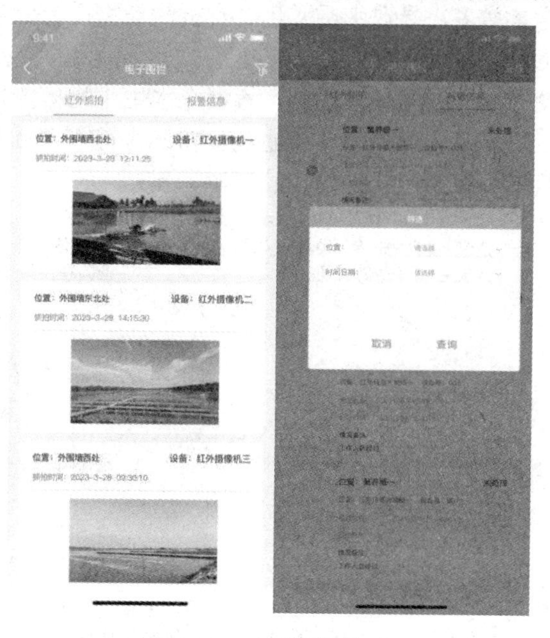

图 7-51　电子围栏界面

第 8 章　智慧水产与环境保护

水产养殖业是农村经济的关键构成，对农业稳产增产、农民稳定增收的意义重大。水产养殖环境保护可以倒逼水产养殖行业转型升级，加快技术革新，发展节水减排、生态健康的现代化水产养殖，进而提高生产效益，提升产品品质，推动水产养殖业可持续发展。这也是保护水域生态环境、减少甚至消除水产养殖对环境影响的必要举措，对加快治理农业面源污染具有重大意义。

8.1　水产养殖尾水处理

8.1.1　水产养殖尾水的污染问题

在水产养殖业发展的过程中，随着养殖池塘、育苗池、规模化车间等养殖载体数量的不断增加，产生的养殖污水也越来越多。排水期集中、排放量大、非点源排放是养殖污水排放的明显特征，残留饵料、残留药物以及水生生物排泄物等会使水中的硝酸盐、亚硝酸盐、氨氮等有害物质含量增多，导致水质恶化。有机污染物还会分解产生硫化氢、甲烷等有害气体，进而产生毒素，污染水体、土壤和空气。外界污水直接排入江河湖海，加上水产养殖业自身污染，使得水产养殖环境恶化，毒素在水生生物体内积聚，造成水生生物疾病频发甚至大量死亡；另外，水产品还可能通过食物链将有害物质传递到人体中，直接损害人体健康。水产养殖尾水中的污染物及其危害如图 8-1 所示。

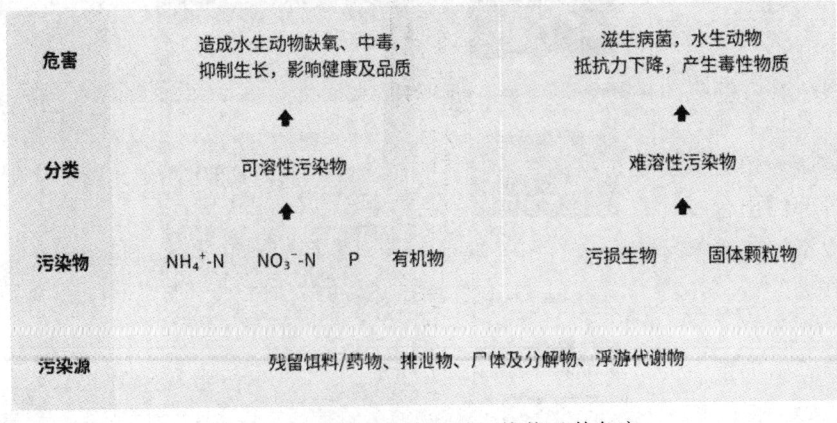

图 8-1　水产养殖尾水中的污染物及其危害

究其原因，水产养殖尾水的污染多与不环保的养殖理念与方式有关，具体表现为：养殖户为提高养殖产量而盲目增大养殖密度，换水频率随之提高；在养殖过程中，投放大量药物与饵料，引起水质恶化；在养殖过程中不注重水体净化和尾水处理，直接排放造成外部水环境污染。

8.1.2 与水产养殖尾水处理有关的政策

《中华人民共和国环境保护法》《中华人民共和国水污染防治法》《中华人民共和国海洋环境保护法》《中华人民共和国长江保护法》等法律法规对养殖污染防治进行了规定。

为进一步加强水产养殖行业污染排放控制，规范地方排放标准制订工作，生态环境部在 2021 年启动了《地方水产养殖业污染控制标准编制技术指南》的编制工作，该指南提出，各地要针对不同的养殖品种、养殖方式及受纳水体保护需求，因地制宜建立分区、分类、分级的水产养殖污染控制体系，并明确了污染控制项目选取、排放限值及管控措施确定的技术要求。

生态环境部、农业农村部在《关于加强海水养殖生态环境监管的意见》中指出，要加快制定出台海水养殖尾水排放相关地方标准，推动沿海各省(区、市)在 2023 年底前出台地方海水养殖尾水排放相关标准，沿海各级生态环境部门要建立健全海水养殖尾水监测体系，2022 年底前在部分地区开展工厂化养殖尾水监测试点，2025 年底前初步形成对区域内主要工厂化养殖尾水的监测能力，依法推动工厂化养殖尾水自行监测；逐步将池塘养殖尾水纳入监测范围，加大池塘养殖清塘时段的尾水监测力度；逐步加强对养殖投入品、有毒有害物质等的检测分析，推动在线监测、大数据监管等技术应用；鼓励开展养殖尾水排放邻近海域及养殖海域环境监测。

在地方层面，湖南省在 2021 年发布实施了《水产养殖尾水污染物排放标准》，根据接纳养殖尾水自然水域的环境功能，分级确定了养殖尾水排放限值，用于湖南省池塘养殖、工厂化养殖等非天然水域投饵投肥养殖尾水的排放管理；江苏省也于 2021 年发布实施了《池塘养殖尾水排放标准》，该标准是继湖南省后全国第二个池塘养殖尾水排放强制性标准，规定了江苏省淡水养殖尾水的控制要求、检测方法、结果判定和实施与监督；江西、上海、海南也积极探索开展水产养殖场尾水环境监测，为水产养殖尾水排放管控夯实基础。

此外，有关政策也对提高养殖尾水处理技术作了要求。2018 年，生态环境部联合农业农村部印发了《农业农村污染治理攻坚战行动计划》，要求推进水产生态健康养殖，积极发展大水面生态增养殖、工厂化循环水养殖、池塘工程化循环水养殖、连片池塘尾水集中处理模式等健康养殖方式，推进稻渔综合种养等生态循环农业。2019 年，生态环境部配合农业农村部等部门出台了《关于加快推进水产养殖业绿色发展的若干意见》，要求大力实施池塘标准化改造，完善循环水和进排水处理设施，支持生态沟渠、生态塘、潜流湿地等尾水处理设施升级改造。2021 年，生态环境部配合发展改革委等部门印发了《关于推进污水资源化利用的指导意见》，提出在长江经济带等有条件的地区开展渔业养殖尾水的资源化利用，以池塘养殖为重点，开展水产养殖尾水治理，实现循环利用、达标排放。

8.1.3 物联网水产养殖尾水的监测

水产养殖尾水污染物监测指标通常包含悬浮物、pH 值、高锰酸盐指数、总磷、总氮、化学需氧量等。相关标准对污染物排放有不同等级的限制要求，表 8-1 所示为《湖南省尾水排放污染物排放标准》中对水产养殖尾水污染物的排放限制要求。

表 8-1 水产养殖尾水污染物的排放限制要求

序号	项　目	一级标准	二级标准
1	悬浮物/(mg/L)	45	90
2	pH 值	6～9	
3	高锰酸盐指数/(mg/L)	15	25
4	总磷/(mg/L)	0.4	0.8
5	总氮/(mg/L)	2.5	5.0

传统的水产养殖尾水监测方法是在养殖体系排放到外界公共水域的排口处设置采样点；如果有多处排口，则分别设置采样点，将采样监测结果作为尾水排放是否达标的判定依据。表 8-2 所示为《湖南省尾水排放污染物排放标准》中规定的水产养殖尾水污染物测定方法。

养殖尾水监测过程对不同水样均有采集、贮存、运输和预处理的相关规定。监测结果判定通常采用单项判定法，即当监测项目中有单项指标超标时，则判定为不符合排放标准。

表 8-2 水产养殖尾水污染物测定方法

序号	项　目	分析方法	测定下限	依据标准
1	悬浮物	重量法	—	GB 11901—1989
2	pH 值	玻璃电极法	—	GB 6920—1986
3	高锰酸盐指数	酸性高锰酸钾法	0.5 mg/L	GB 11892—1989
4	总磷	钼酸铵分光光度法	0.01 mg/L	GB 11893—1989
5	总氮	碱性过硫酸钾消解紫外分光光度法	0.05 mg/L	HJ 636—2012

传统的水产养殖尾水监测方法在数据获取的实时性、精确性等方面存在弊端。基于物联网技术搭建的养殖尾水智能监测系统，集合了数据采集、数据传输、数据分析、数据监测、数据存储及管理功能，可以实现及时、准确地养殖尾水监测，全面了解水质情况，为养殖水污染防治提供真实、可靠的数据支撑。

依照尾水排放标准要求，应在养殖区域或尾水排放区域安装传感器来实时监测尾水中悬浮物数据、pH 值、总氮、总磷、高锰酸盐指数、化学需氧量等参数，部分监测参数及相关设备规格如表 8-3 所示。通过基于 ZigBee/NB-IoT 的无线传感网络将数据传输到网关节点上，网关节点接收各类数据后，通过 4G/5G 移动网络、计算机网络等将信息传输至系统进行统一存储、处理，并将数据经处理后得到的直观的水质监测结果在终端平台上进行展示，管理人员即可查看任意水质监测点和监测参数的实时数据和历史数据。图 8-2 所示为养殖尾水智能监测系统界面，在该界面可以查看养殖尾水监测的实时数据和历史数据，选择“参数选择”和“时间日期”可以查看历史数据及其变化趋势，历史数据还可以导出。图 8-3 所示为养殖尾水智能监测 APP 的数据监测界面，单击“排水口”可以查看实时数据，确认尾水是否达到可排标准(见图 8-3(a))，单击“历史数据”可以查看历史数据及其最大值、平均值和最小值(见图 8-3(b))。

表 8-3　养殖尾水部分监测参数及相关设备规格

	监 测 参 数	设 备 规 格
水产养殖尾水监测	pH 值	量程：0.00～14.00； 工作温度：0～60℃
	溶解氧(DO)	量程：0～20 mg/L； 工作温度：0～60℃
	氨氮(NH_3)	量程：0～14000 ppm； RS485
	钙离子(Ga^{2+})	量程：0～6000 ppm； DC：12V
	硝酸根离子(NO_3^-)	量程：0～14000 ppm； DC：12V
	镁离子(Mg^{2+})	量程：0～1000 mg/L； 分辨率：0.1 mg/L
	总磷(TP)	量程：0～200 mg/L； 分辨率：0.1 mg/L
	化学需氧量(COD)	量程：0～600 mg/L； 工作温度：5～40℃； 防护等级：IP68

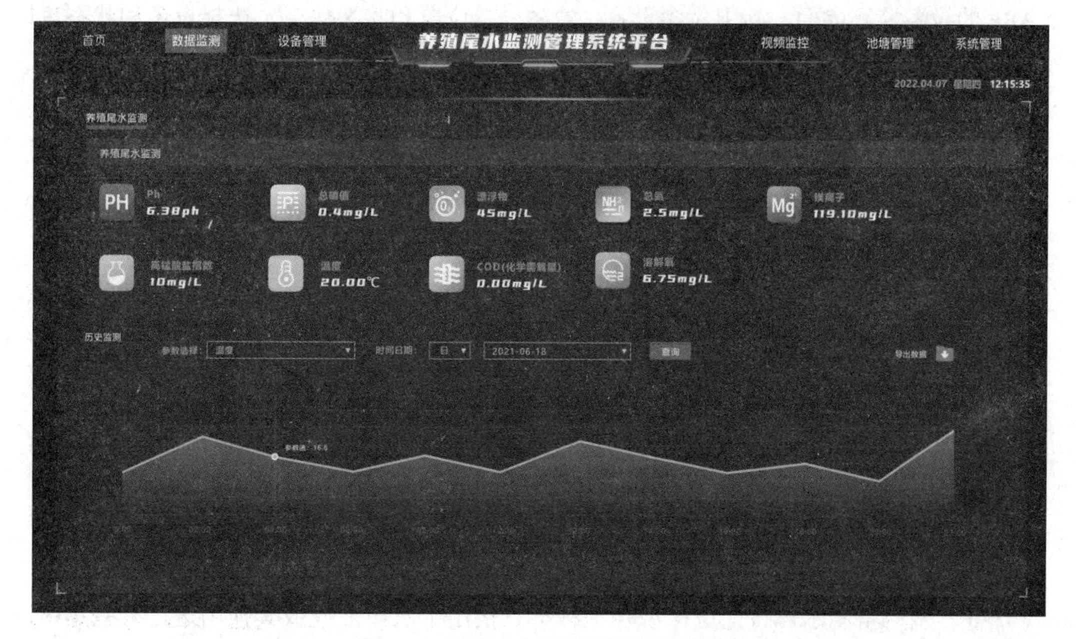

图 8-2　养殖尾水智能监测系统界面

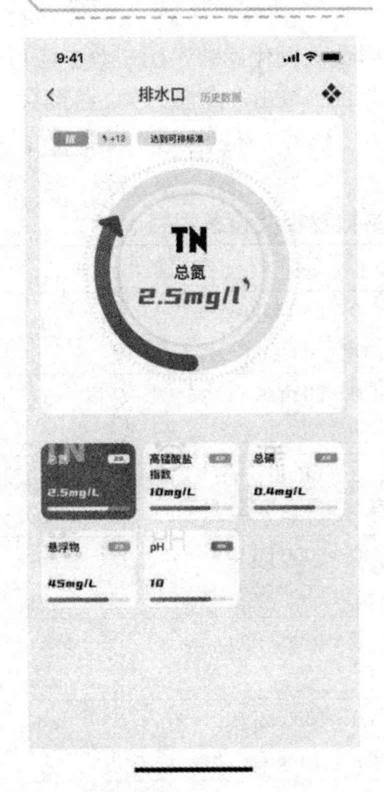

(a) 排水口

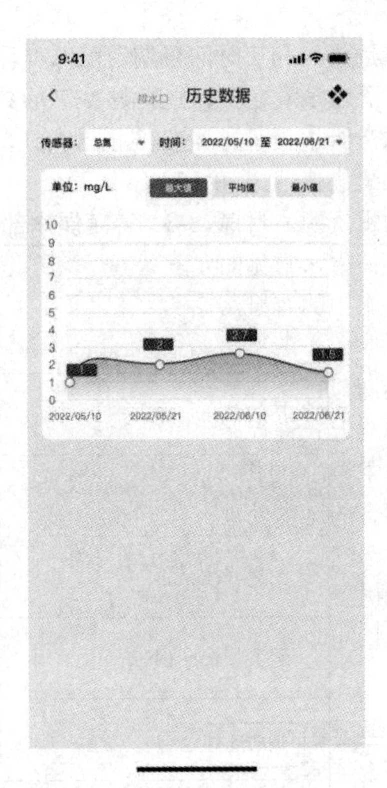

(b) 历史数据

图 8-3 养殖尾水智能监测 APP 数据监测界面

同时，还必须搭建设备运行监控子系统来监控水质监测设备的运行，设备运行监控子系统通过标准数据传输通信协议连接水质监测设备，实时采集设备的状态参数，确认设备的启停、故障状态，当设备出现异常状态时，系统应自动报警。图 8-4 所示为设备运行监控 APP 的设备监测界面，其中包含设备、设备号、位置和状态信息，选择设备和状态可以查询相应的设备监测信息。

9:41

设备监测

设备：全部 状态：全部

设备	设备号	位置	状态
总氮传感器	4520987	排水口1	在线
总磷传感器	7491512	排水口1	在线
高锰酸盐传感器	8485722	排水口2	故障
悬浮物传感器	6047541	排水口1	在线
pH传感器	1408910	排水口2	在线

图 8-4 设备运行监控 APP 的设备监测界面

8.1.4 水产养殖尾水的智能化处理

部分养殖池塘尾水可按照国家或当地标准直接用于农田灌溉或其他用途，有些集中连片池塘养殖区域和工厂化养殖场则可因地制宜采取生物净化、人工湿地、生态沟渠、生态塘或种植水生蔬菜花卉等措施对养殖尾水进行处理，遵循资源化利用优先的原则，实现养殖尾水循环利用或达标排放。

深入研究养殖尾水处理技术，推进养殖尾水智能化处理，有助于提升养殖尾水净化水平，节约水资源。目前，养殖尾水处理多依赖物理方法、化学方法和生物方法，根据实际情况组合使用，常见的尾水处理工艺流程如图 8-5 所示。传统活性污泥工艺是利用活性污泥去除尾水中的有机污染物，其中，微生物对有机污染物的吸附、分解在其中起到了关键作用(见图 8-5(a))；AAO(Anaerobic-Anoxic-Oxic)工艺是通过厌氧、缺氧、好氧三段生物处理来达到高效去除有机污染物的目的的(见图 8-5(b))；SBR(Sequencing Batch Reactor)工艺是按间歇曝气方式进行尾水处理的，其中，具备均化、初沉、生物降解、二沉等功能的 SBR 池是其技术核心(见图 8-5(c))；MBR(Membrane Bio-Reactor)工艺是由活性污泥法与膜分离技术相结合的尾水处理技术，通过去除尾水中的有毒物质、色素和有机物，实现对水质的改善，包含沉淀、净化和再生三个阶段(见图 8-5(d))。这些技术已相对成熟，但后续研究多局限于工艺参数的变化量研究，对技术装备的机械化缺少创新性研发，设备成本高，因此在水产养殖尾水处理领域的应用受到限制。

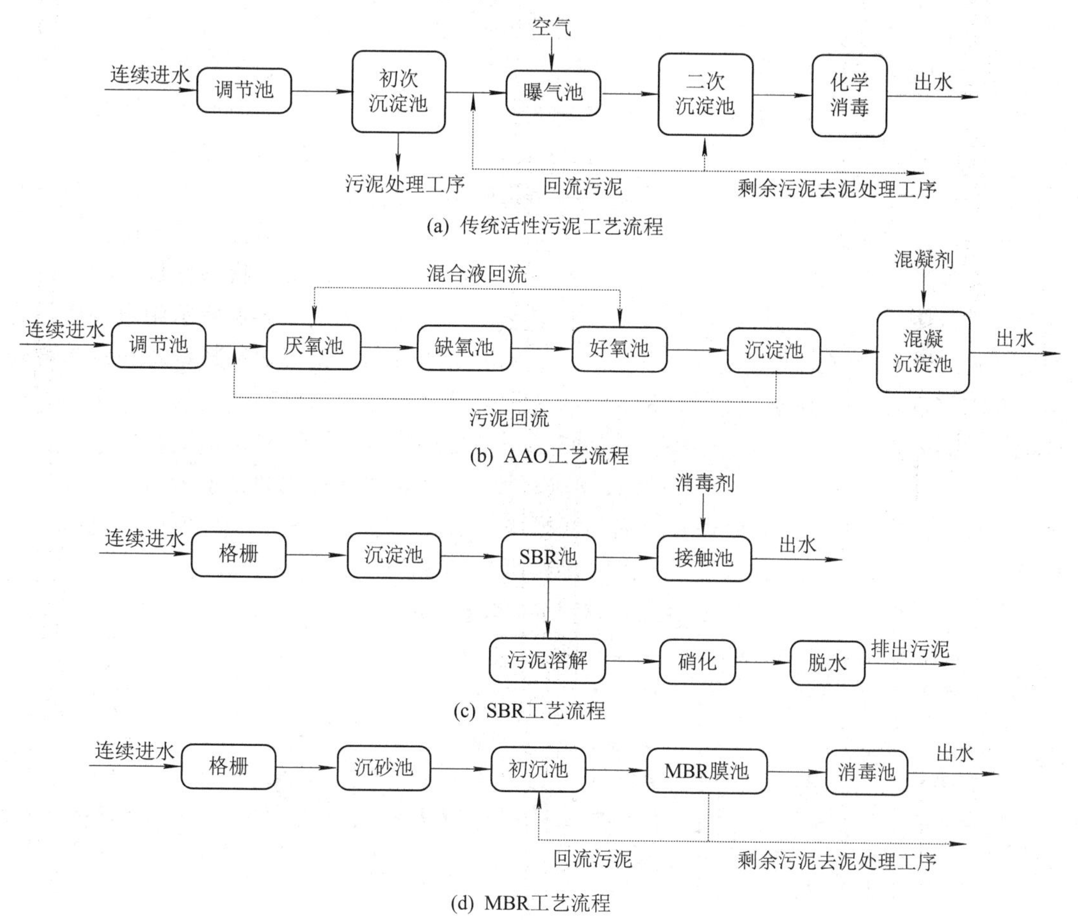

图 8-5　常见的尾水处理工艺流程

在通信技术和人工智能技术研究不断深入的背景下，算法模型模拟计算逐渐取代了手

工工艺实验，研究分析工艺技术的效率得到了明显提高，水产养殖尾水处理技术也在朝着自动化、智能化方向发展。

将物联网、人工智能等技术应用于水产养殖尾水处理系统，使得养殖尾水处理的信息化、智能化水平得到了明显提升。水产养殖尾水智能化处理系统架构如图 8-6 所示。

应用层	水质监测　设备控制　工艺决策
处理层	数据存储　数据分析
传输层	无线传输模块
控制层	PLC控制系统
感知层	水质数据　视频监控数据　在线仪器仪表数据　设备运行数据　水电药耗用数据

图 8-6　水产养殖尾水智能化处理系统构架

水产养殖尾水智能化处理系统架构分为感知层、控制层、传输层、处理层、应用层。感知层采集水质数据、视频监控数据、在线仪器仪表数据、设备运行数据、水电药耗用数据等与养殖尾水处理过程相关的数据。控制层通过 PLC 可编程逻辑控制器与进水泵、微滤机、气浮机等尾水处理设备相连，控制设备运行。传输层通过无线传输模块实现数据在不同层级间的双向传输。处理层作为数据处理的基础，提供数据存储、数据分析等必要的数据管理服务，并将有效的数据信息存储在云端数据库中。应用层连接终端用户，为水产养殖尾水处理提供水质监测、设备控制、工艺决策等应用服务。

水产养殖尾水智能化处理系统的五个层级之间相互协调，保障系统的正常运行，数据处理结果以图表、报告等形式在终端平台上显示。用户通过终端平台对养殖尾水处理系统和处理过程进行管理，可以远程查看实时、准确的水质数据、设备运行数据、关键工艺数据以及实时视频监控画面，开展设备控制、异常处理等操作。水产养殖尾水智能化处理系统根据数据处理结果开展决策、根据水质情况提供处理建议、针对异常情况及时预警、按照既定算法通过 PLC 控制系统对前端设备进行控制，还可以根据水质情况调节用药种类和数量。水产养殖尾水智能化处理系统的功能模块包括数据监测管理、视频监控、数据存储、报警管理、工艺调控以及系统管理，其功能框架如图 8-7 所示。

水产养殖尾水智能化处理系统

数据监测管理	视频监控	数据存储	报警管理	工艺调控	系统管理
水质数据	设备	水质信息	阈值管理	药物使用	用户管理
设备运行数据	调节池	设备信息	报警信息	控制器启停	登录
视频监控数据	沉淀池	过程信息	报警处理	设备运行	安全退出
关键工艺数据	反应池	操作信息			系统设置
趋势图绘制	清水池				
监测参数管理					

图 8-7　水产养殖尾水智能化处理系统的功能框架

基于系统采集的全部数据，可以建立水产养殖尾水处理可视化数据模型，并应用算法技术和专家系统开展深入的数据挖掘分析，即可掌握系统的整体运行状态，实现智能监控、分析和预警，提高尾水处理效率和质量。养殖尾水经智能化处理后排放的方式可普遍应用于开放式水产养殖过程中。对于工厂化养殖而言，水循环处理利用是一种更为环保高效的尾水处理方式。

循环水养殖系统(Recirculating Aquaculture Systems，RAS)是初级的养殖尾水智能化处理系统，具有一定程度的智能化特征，它将水产养殖技术与智能机械、自动控制、计算机、微生物学、环境科学等技术相结合，使养殖尾水得到有效处理和利用。以换水量为分类标准，可将循环水养殖分为水再利用养殖、半封闭式循环水养殖和全封闭式循环水养殖，水体重复利用率可超过 90%。循环水养殖系统可通过物理(过滤、泡沫分离等)、化学(氯、二氧化氯、臭氧消毒等)、生物(硝化、反硝化、有机物降解作用等)方法快速降低水中固体物质、氨氮、亚硝酸盐、硝酸盐、有机物等污染物的浓度，净化水环境，过程中还要保证较低的耗水量，消除残留消毒物的影响，从而使养殖水体得到重复利用。循环水养殖系统原理如图 8-8 所示，循环水养殖池中的水通过微滤机、循环水泵、蛋白气浮分离器、生物滤池、杀菌消毒池、增氧池等一系列水处理单元后，再次进入循环水养殖池实现循环利用。

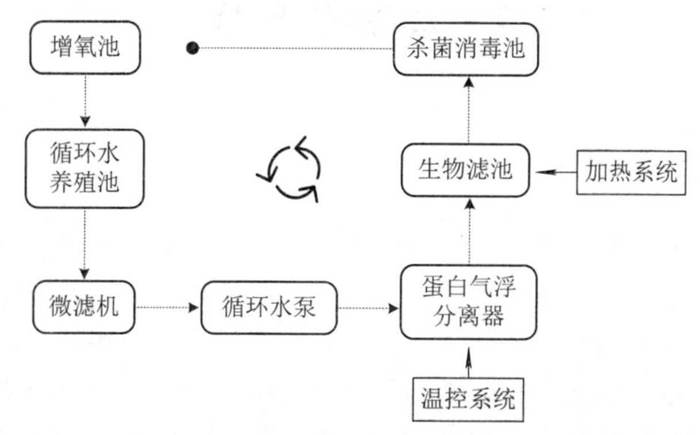

图 8-8　循环水养殖系统原理

循环水养殖系统需要对水温、pH 值、氨氮、亚硝酸盐、溶解氧、水位等水质参数进行实时监测和调控，结合物联网、人工智能、智能装备等技术建立循环水养殖智能管控系统，可以达到水质数据实时监测与更新、设备自动控制、水质自动净化等目的。循环水养殖智能管控系统原理如图 8-9 所示，水质监测系统通过传感器实时监测循环水养殖池的 pH 值、溶解氧、氨氮、亚硝酸盐、水温等水质数据；视频监控系统监控循环水养殖池的运行状态；进排水控制系统控制循环水的进出；PLC 控制系统对所有设备和系统的启停进行控制，根据循环水养殖池的运行状态和水质情况，随时发送指令控制循环水处理过程，例如，当溶解氧浓度过低时，PLC 控制系统自动启动增氧机，直至溶解氧含量满足要求；当水中 pH 值、盐度等浓度超标时，PLC 控制系统驱动进排水控制系统控制养殖池进排水，直至水质、水位达到正常标准。

循环水养殖可以进一步提高水资源利用率，而将智能管控系统应用于循环水养殖过程，将进一步提高养殖水处理效率和准确率，为水生动物创造适宜的生长环境，实现养殖尾水零排放。这也将进一步提高循环水养殖的信息化、智能化水平，推动工厂化养殖向现代化转型。

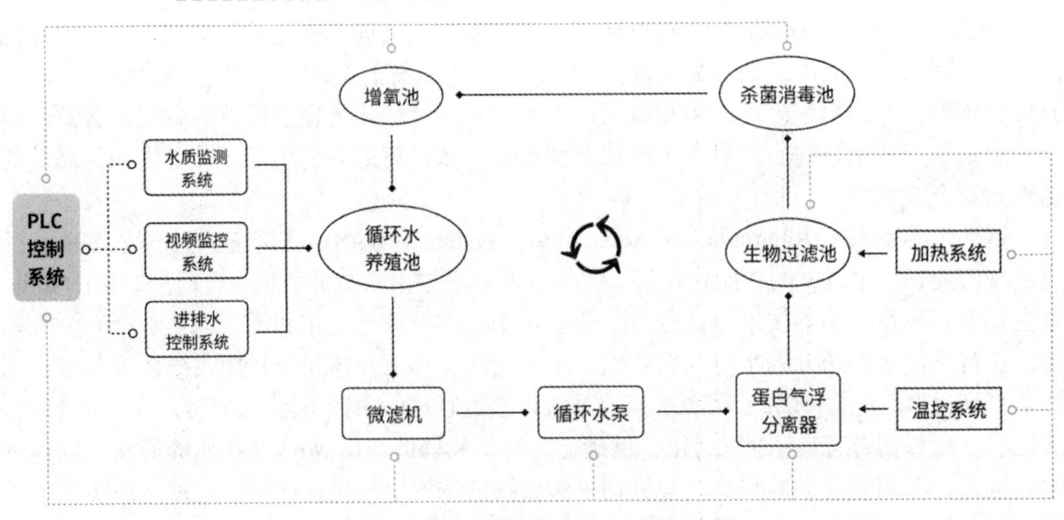

图 8-9 循环水养殖智能管控系统原理

8.2 赤潮监测预警

8.2.1 赤潮及其危害

赤潮(Red Tide，见图 8-10)是局部海域因微藻、原生动物或细菌突发性地大量增殖和高密度聚集而使水体变色的有害生态现象，是海洋严重污染的结果，因伴随着海水颜色的改变，并以红色为主，故称为赤潮，国际上通常以有害藻华(Harmful Algal Blooms，HABs)来命名这一现象。赤潮形成是多种因素综合作用的结果，普遍认为海水富营养化是赤潮的主要诱因，污水入海造成海水中无机营养盐、有机物等含量超标，海水富营养化严重，再加上海洋中的生物、物理、化学、水文、气候等条件影响，导致赤潮发生。海运业发展导致外来赤潮生物入侵，也在一定程度上增加了赤潮发生的风险。赤潮发生具有复杂性、随机性、突发性等特征，不同海域发生赤潮的影响因素也不尽相同。

图 8-10 赤潮

从发生频率、持续时间、爆发规模和危害程度来看，赤潮对我国的影响正在加剧。赤潮海域中叶绿素 a、溶解氧、化学耗氧量等含量高，会直接抑制海洋生物生长、繁殖，造成海洋生态失衡，导致海洋生物窒息或中毒死亡，给海洋渔业带来严重损失。有毒赤潮中的生物毒素会通过食物链传播，对人类健康和生命安全产生威胁。因此，对赤潮进行监测预警，对保障海洋生态平衡、稳定海洋经济发展意义重大。

8.2.2　赤潮监测预警方法

影响赤潮发生的因素和赤潮的动态变化过程是赤潮监测的重要内容。现阶段我国常用的赤潮监测方法包括船舶定点监测、浮标监测以及卫星遥感监测。其中，船舶定点监测需要人工进行样本采样、检验和赤潮预测，监测的效率和准确性、实时性不高；浮标监测是对海水生态要素(如温度、盐度、溶解氧、pH 值、浊度、叶绿素)、水文气象数据(如流量、波浪、气温、气压、风速、风向)等进行监测，接着以无线通信方式将信息传输到监测中心，进而判断赤潮发生概率，但浮标的投放位置不固定，容易受到人为或自然破坏；卫星遥感监测已相对成熟，实际应用效果较好，它是通过识别水体的光谱特征和相关环境因子的变化来判别赤潮现象，多适用于大范围赤潮监测，可从宏观上确定赤潮发生区域、面积大小和严重程度。卫星遥感监测的研究方法主要有单波段法、双波段比值法、归一化植被指数法、多波段差值比值法、叶绿素 a 浓度法、水温水色法等。卫星遥感监测具有监测范围大、分辨率高、数据实时等特点，可以弥补传统监测方法的不足。由于赤潮形成和发展机理复杂，使用常规监测方法难以保障赤潮监测预警的实时性和准确性，建立科学的赤潮监测预警体系已成为当下赤潮监测研究的重点。

目前常用的预测方法有大数据模型、统计模型、生态动力学模型、神经网络模型四种。

大数据模型预测方法是通过采集赤潮发生时的水文气象、水质状态、生物活动等动态数据来建立大数据赤潮预测模型，分析赤潮的发生和变化规律。在模型的建立和完善过程中，为提高模型的准确预测能力，需要不断筛选、扩充用于模型训练的样本数据，使模型训练得到可靠数据的支撑；对输入参量进行降维，可确保模型的准确度和效率；不断优化数据分析处理算法，减少随机误差。在模型的实际使用过程中，通过使用评价和反复训练可增强模型的实用性，满足持续的赤潮预测需求。

统计模型预测方法是应用多元统计分析方法对赤潮形成、发生、发展的数据进行综合分析，找出不同指标与赤潮之间的关系，总结赤潮发生规律。常用的多元统计分析方法有多重回归分析、判别分析、聚类分析、主成分分析、因子分析等。由于未明确影响赤潮发生的因素，所以选取分析指标的过程往往不够客观，且分析结果不能体现赤潮的变化过程，准确性仍有待提升。

生态动力学模型预测方法是将海洋生态特性和赤潮发生动力学机制通过动力学模型表现出来，模型中的参数体现影响赤潮发生的因素，通过对模型进行分析求解，可以明确系统运行特性，了解赤潮的发生规律。结合赤潮发生的实际数据，对生态动力学模型进行优化调整，可以进一步提高其预测性能。受海洋环境复杂性影响，不同海域需要构建不同的生态动力学模型，为保障模型预测的稳定性和准确性，还需要获取大量的海洋生态数据进行模型训练。

神经网络模型预测方法是基于神经网络来构建预测模型，由于神经网络在并行处理、联想、容错、自学习、非线性逼近等方面的优势突出，因此该方式能够应用于赤潮实时监测和预警，预测精度高，反应速度快，但对预测结果进行解释的合理性还需提高。

近年来，模糊逻辑(Fuzzy Logic，FL)也已应用于赤潮监测预警，它通常与神经网络方法相结合，从而实现更为实时、精确的赤潮预测。

在应用人工智能算法进行赤潮预测时，数据质量是实现准确预测的重要前提，因此需要对所采集的数据进行清洗、去噪等处理。为提高预测方法的实用性，还应降低其实际操作难度。随着人工智能技术的不断发展，遗传算法、模糊逻辑、统计学习和知识发现等技术将会在赤潮预测领域得到更为广泛的应用。

8.3 碳排放管理

8.3.1 水产养殖业的碳排放现状

与畜禽养殖业相比，水产养殖业的碳排放量相对较低，每单位重量水产品的碳排放量约为猪肉的 1/2，牛肉的 1/10。但由于我国水产养殖业规模大，养殖面积和产量均居世界首位，所以碳排放总量大，碳减排负担较重，因此有必要对水产养殖业碳排放进行科学管理。

在众多水产养殖方式中，池塘养殖、工厂化养殖和网箱养殖对能源的依赖程度较高，从能耗结构看，这三种养殖方式的能耗量依次减少。水产养殖业的碳排放主要来源于养殖生产资料生产、加工、运输过程和水产品养殖、捕捞、加工、运输过程，其中，水产生物生长代谢、养殖生产设备燃油用电产生的碳排放量最大，因此，养殖饲料的使用和品种选择、养殖技术等的调整都会对水产养殖碳排放产生影响。

水产养殖业是碳源，也具有碳汇属性。水产生物吸收水中的碳元素，通过捕获水产品即可将碳移出水体，从而维持水域生产系统吸收和存储碳的能力。国内海洋养殖和远洋渔业的碳汇属性明显，每年的碳移除量可达到上百万吨。现代渔业技术创新将会使渔业的碳汇作用得到更充分的发挥。

8.3.2 水产养殖业碳排放管理的现实需求

随着“双碳”目标的提出，实施水产养殖业碳排放管理变得越来越重要。2022 年，农业农村部和国家发展改革委联合编印了《农业农村减排固碳实施方案》(下称《方案》)，提出将监测体系建设作为农业农村减排固碳工作的重要举措，加快构建农业减排固碳监测、报告、核算体系，创新监测方式和手段，加快智能化、信息化技术在农业农村减排固碳监测领域的推广应用，开展农业碳排放监测评价试点。在水产养殖方面，《方案》提出开展渔业减排增汇行动，通过发展生态健康养殖，减少甲烷排放，构建立体生态养殖系统，增加渔业碳汇能力，推广节能养殖机械，推进池塘标准化改造和尾水治理。

低碳水产养殖业潜力明显，创新低碳养殖技术、发展碳排放监测评估、促进碳减排对低碳水产养殖业发展具有重要意义。能源结构调整、智能化养殖技术和设备的应用能从源头上减少水产养殖碳排放，而碳排放监测评估则能为碳减排方案实施提供重要依据。

目前，水产养殖业碳排放监测评估已成为渔业经济研究的热门领域，但受技术手段、养殖规模化程度等因素影响，完善的碳排放监测、核算体系尚未形成，难以获取准确的水产养殖碳排放数据。现阶段碳排放统计主要通过监测核算能耗的方式实现，水产养殖业监测的通常只有电力、煤、天然气等相对直接的能耗参数，忽略了水产养殖生产资料和水产品存储、运输产生的能耗以及饲料、兽药等物资生产存在的能耗，所得数据对碳排放管理的参考意义有限。

明确水产养殖产业链各个能耗指标并开展实时监测，制定能耗核算方法和能源利用效率评价体系，将有利于分析水产养殖能源利用效率和经济效益，规范水产养殖程序，指导低碳水产养殖业发展。

8.3.3　水产养殖碳排放监测管理系统

1. 水产养殖碳排放监测管理系统概述

低碳水产养殖业是呈现低碳经济发展思路的窗口，为了实现水产养殖碳减排及其成效的量化，需要建设适用于水产养殖业的全方位、多功能、准确实时的碳排放监测管理系统，配套碳减排效果评估和展示平台，形成碳减排监测、评估、管理体系。

水产养殖碳排放监测管理系统综合应用物联网、人工智能、大数据、云计算等技术，使用传感器对水产养殖、加工、存储、运输、污染处理等环节与碳排放相关的能源消耗、三废排放等数据进行采集，通过 NB-IoT、LoRa、WiFi 等中短距离无线传输技术和移动宽带通信技术将数据实时传送到数据中心，并对数据进行存储、分析、挖掘、整合，最后在碳排放监测管理系统平台上展示。管理人员可以通过电脑、手机登录系统，查看实时的监测数据，了解碳排放情况，科学实施节能计划。水产养殖碳排放监测管理实现流程如图 8-11 所示，传感器采集的能源消耗、三废排放数据通过无线传输网络上传至碳排放数据库，经数据处理与统计模块进一步处理后，最终形成碳排放数据分析报表和决策分析模型，并可进行数据异常报警和设备控制应用。

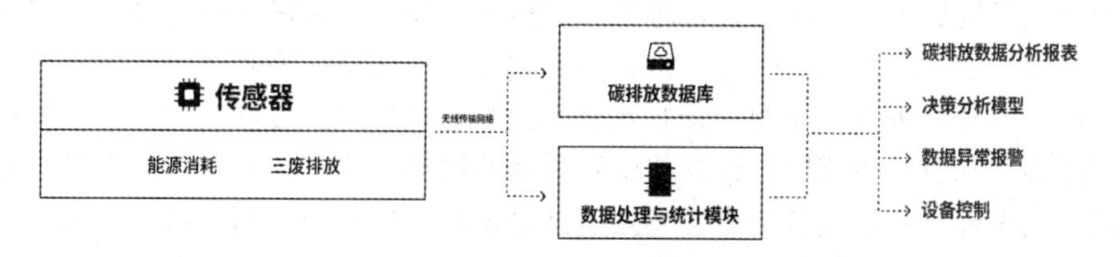

图 8-11　水产养殖碳排放监测管理实现流程

水产养殖碳排放监测管理系统应具备的主要功能如下：

(1) 实时监测碳排放数据。结合传感器、无线传感网络、无线远程视频监控、4G/5G、数据处理、云计算等构建的多功能传感监测网络，可对养殖、加工、存储、运输、污染处理等过程的能源消耗、废气排放等数据进行实时采集，并与碳排放因子相对应，折合计算碳排放量，从而快速反映出区域内碳排放的实时状态。

(2) 直观展示碳排放结果。基于宽带通信、人工智能、物联网技术和大数据系统开发出与碳排放监测系统相匹配的系统平台和移动终端应用，方便用户随时随地查看、导出碳排放监测实时数据和历史数据。平台将碳排放监测指标及其数据进行可视化处理，通过图表形式展示数据对比分析结果，直观呈现能耗情况、碳排放特点和污染源所在，为用户开展能耗统计、碳排放审计、运行管理以及污染控制提供可靠支撑。

(3) 智能管理碳排放过程。通过数据模型、计算公式和分析算法，水产养殖碳排放监测管理系统可对采集数据进行分析处理，掌握水产养殖各环节的能耗特征，推算碳排放量，并验证现有减排方案、能耗分级的合理性，使水产养殖碳排放管理更加智能化、精准化、标准化。利用所采集的水产养殖碳排放相关参数数据建立数据库，可以为进一步研究碳排放管理提供依据。基于大量数据可以研究水产养殖碳排放的基本规律和量化关系，进行碳排放预测和调控，协调投入产出比。

(4) 科学评估碳减排成效。评估碳减排的成效不能只考虑单一设备的能耗情况，也不能只对节能量进行简单比对，而应对所有碳排放活动进行考量，依据既定体系中的低碳目标对水产养殖碳排放进行综合评估。通过统一的碳排放监测管理系统，可以实现对大量碳排放实时数据和历史数据的动态分析，对水产养殖碳减排成效进行定量和定性评价，结合水产养殖行业实际情况，方便监管部门进行碳排放监管和政策制定。

2. 水产养殖碳排放监测的具体实现方式

由于目前没有对碳排放量的直接监测方式，因此需要制定一套可量化、可实施、可考核的指标监测机制，将监测指标分解到各个环节，尤其是在整个水产养殖过程中碳排放占比较大的环节(如饲料生产和运输过程中产生的碳排放；养殖池或网箱的通风、水循环和水处理等设备所耗费的能源；水产生物代谢过程中产生的二氧化碳和甲烷排放；养殖场的运输和处理废水所使用的能源等)，从而详细了解水产养殖碳排放状况和成因，寻找碳减排的技术路线和区域对策，进而实现整体的控制目标。

在众多的水产养殖碳排放来源中，养殖能源消耗是最主要的碳排放源，因此，监测碳排放量首先可以从监测养殖能耗入手，具体监测内容如表 8-4 所示。水产养殖照明、换水、控温、增氧、投喂等环节都要用电，所以对总用电量和分项用电量(如照明设备、水泵、温控设备、增氧机、饲料机、水处理设备、运输设备等的用电量)进行监测，电表数据通过无线传感网络定时发送至数据库后台，避免人工抄表可能产生的误差，提高统计效率。养殖过程除了直接用电，还有部分使用可再生能源代替，因此要监测光电、风电等可再生能源的消耗情况；另外对可再生能源、分布式能源供给的冷(热)量进行统计，相应的传感器包括温度传感器、水流量传感器，根据传感器采集的数据，计算出光热和分布式能源供给的冷(热)量。还有部分养殖设备会产生一定的油量消耗，如水泵、清淤机、发电机、渔船、车辆等，所以对这些设备的耗油量进行实时监测。此外，耗水量也是水产养殖综合能耗的主要组成部分，因而能耗监测也包含对用水量的监测。

表 8-4 养殖能耗监测的具体内容

<table>
<tr><th colspan="3">测 量 对 象</th><th>单位</th><th>精度</th><th>发送频率</th><th>采集方式</th></tr>
<tr><td rowspan="8">电量
(以水产养殖水塘/水池为单位)</td><td colspan="2">总用电量</td><td rowspan="8">kW • h</td><td rowspan="8">0.5 级；±0.5%</td><td rowspan="8">30 min</td><td rowspan="8">安装
传感器</td></tr>
<tr><td rowspan="7">分项
用电</td><td>照明设备</td></tr>
<tr><td>水泵</td></tr>
<tr><td>温控设备</td></tr>
<tr><td>增氧机</td></tr>
<tr><td>饲料机</td></tr>
<tr><td>水处理设备</td></tr>
<tr><td>运输设备</td></tr>
</table>

续表

<table>
<tr><th colspan="4">测量对象</th><th>单位</th><th>精度</th><th>发送频率</th><th>采集方式</th></tr>
<tr><td rowspan="5">可再生能源</td><td>光电</td><td colspan="2">发电功率与发电量</td><td>kW·h</td><td>0.5 级；±0.5%</td><td>30 min</td><td rowspan="12"></td></tr>
<tr><td rowspan="3">光热</td><td colspan="2">进口温度(冷水)</td><td>℃</td><td>一等精度：0.1℃</td><td>30 min</td></tr>
<tr><td colspan="2">出口温度(热水)</td><td>℃</td><td>一等精度：0.1℃</td><td>30 min</td></tr>
<tr><td colspan="2">水流量</td><td>m^3/h</td><td>0.1m/s</td><td>30 min</td></tr>
<tr><td>风电</td><td colspan="2">发电功率与发电量</td><td>kW·h</td><td>0.5 级；±0.5%</td><td>30 min</td></tr>
<tr><td colspan="2" rowspan="6">油量</td><td colspan="2">总用油量</td><td rowspan="6">L</td><td rowspan="6">0.5 级；±0.5%</td><td rowspan="6">30 min</td></tr>
<tr><td rowspan="5">分项用油</td><td>水泵</td></tr>
<tr><td>清淤机</td></tr>
<tr><td>发电机</td></tr>
<tr><td>渔船</td></tr>
<tr><td>车辆</td></tr>
<tr><td colspan="2">水量
(以水产养殖水塘/水池为单位)</td><td colspan="2">总用水量</td><td>m^3</td><td>0.5 级；±0.5%</td><td>30 min</td></tr>
</table>

在安装传感器对能耗量进行实时采集的基础上，建设物联网能耗监测分析系统，其系统架构如图 8-12 所示。该系统可以将能耗量、耗能过程、耗能设备运行状态等转化成可视化的数据，辅助进行水产养殖能耗管理，有针对性地开展节能工作。

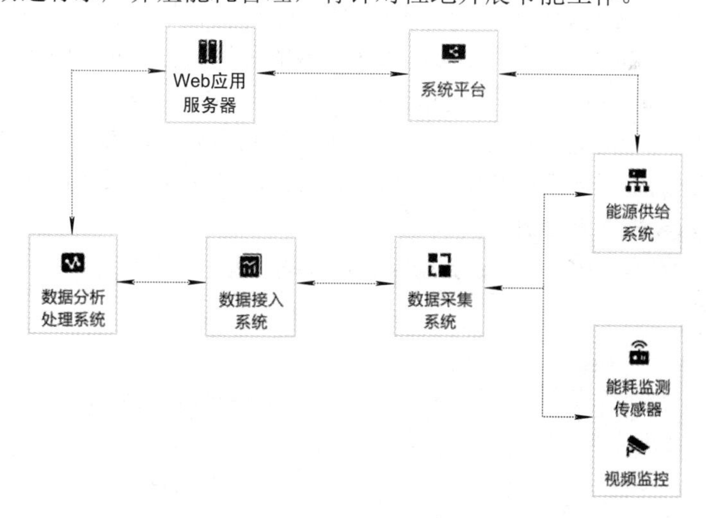

图 8-12　物联网能耗监测分析系统架构

能耗监测是物联网能耗监测分析系统的基本功能。如图 8-12 所示，通过在水产养殖区域安装能耗监测传感器可实时采集相关设备的能耗数据；系统的视频监控设备可监控耗能设备的运行情况。二者所获取的数据由无线传输技术接入网络，上传至数据采集系统。数据接入系统允许各类系统接入，保障数据有序传输和各个系统的稳定运行。数据分析处理系统对能耗数据进行多维度统计和在线分析，实时反馈能耗总量及其变化趋势，并在出现能耗异常情况时发出报警信息，保障供能网络和耗能设备的安全。Web 应用服务器提供网上信息浏览服务，从而将信息发布至系统平台。系统还可以根据实际的能耗情况和耗能设备运行状态自动调控能源供给系统，保障用能安全。用户登录系统平台可以实时查询有关数据，下载数据文件，调控系统、设备运行。

物联网能耗监测分析系统的主要功能模块包括能耗监测、视频管理、能耗分析、异常报警和系统管理，如图 8-13 所示。

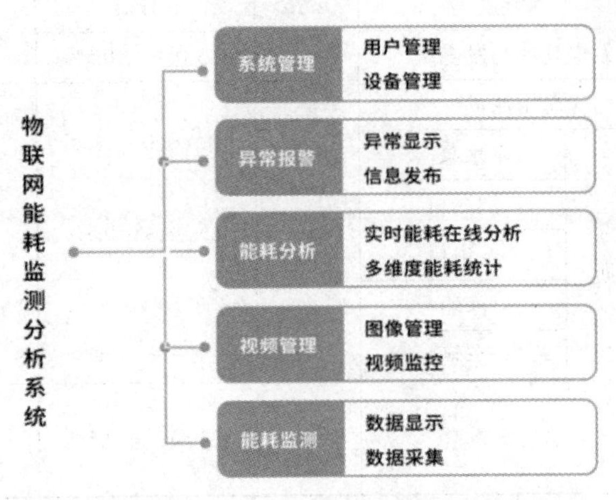

图 8-13　物联网能耗监测分析系统功能模块

通过对能耗数据进行精细化监测与分析，可以为能耗管理提供数据依据，帮助发现能源浪费、设备运行异常等问题，及时排查设备故障，在节能的同时提升设备使用寿命。数据保存在系统上，用户通过物联网能耗监测分析系统平台可以在问题发生时快速回溯数据，提高问题处理效率。物联网能源监测分析系统平台的电量消耗监测界面和太阳能辐射监测界面分别如图 8-14 和 8-15 所示，在电量消耗监测界面可以查看耗电设备的详细耗电信息，也可以通过选择时间日期进行查询；在太阳能辐射监测界面可以查看详细的太阳能辐射量信息。在系统采集的能耗数据的基础上，结合每种能源的碳排放系数进行碳排放量计算，即可了解水产养殖耗能的碳排放情况。

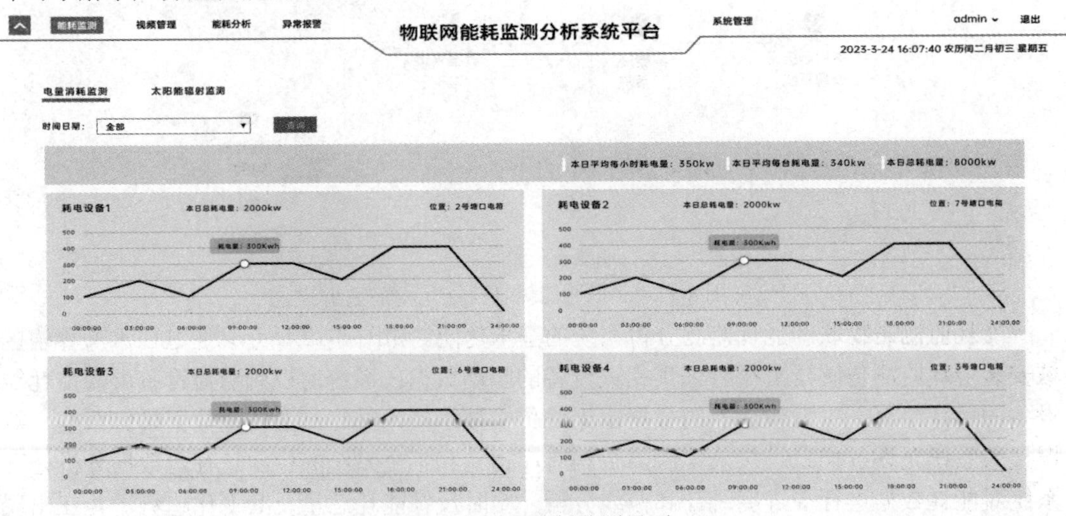

图 8-14　电量消耗监测界面

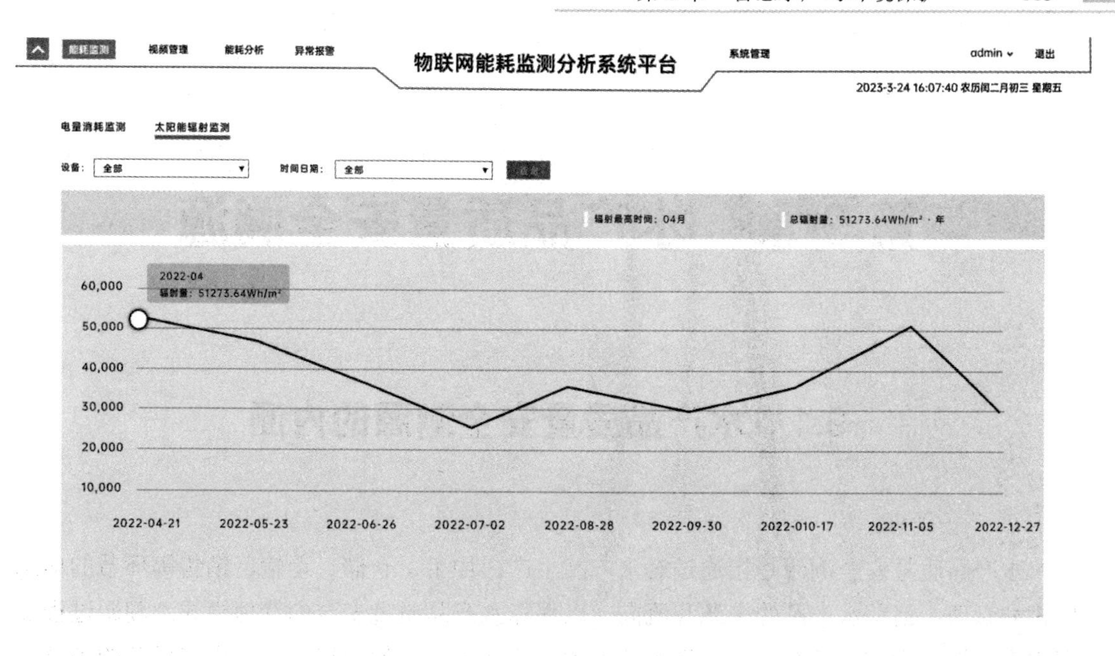

图 8-15　太阳能辐射监测界面

除了能耗监测之外，水质环境监测和饲料消耗监测也是水产养殖碳排放监测不可忽视的部分。养殖水体中溶解氧、温度、pH 值等的变化会影响水产生物新陈代谢和水中有机质含量的变化，对碳排放量的增减有一定的影响。水产饲料生产、加工、运输会产生碳排放，水产饲料中蛋白质、脂肪、碳水化合物等营养成分的碳元素含量较高，饲料氧化也会产生一定量的碳排放。因此也可以通过监测与养殖水质、饲料相关的含碳物质的量，结合碳排放系数计算相关的碳排放量。

第 9 章　水产品质量安全溯源

9.1　水产品质量安全溯源的内涵

水产品质量安全溯源是指通过对水产品生产、加工、仓储、运输、销售等环节的信息监控和管理，追踪水产品的来源和流向，以保障水产品质量安全的管理模式。溯源过程贯穿水产品被消费前的所有环节，供应链上的各责任主体应如实记录各个生产环节的信息，供追溯使用。完善的水产品溯源系统能够对水产品进行双向追踪管理，即消费者通过溯源系统追溯水产品来源，生产企业通过溯源系统把握水产品流向，同时也有利于第三方监管部门对水产品质量安全实施监管。

实行质量安全溯源是保障水产品安全和公众健康的重要手段，《中华人民共和国食品安全法》和《中华人民共和国农产品质量安全法》对农产品质量安全管理、溯源体系建设作出了明确要求，将农产品生产经营管理活动纳入法律约束范围。目前，我国的溯源法规政策正在不断完善，产品溯源体系建设进程也在逐渐加快，参与溯源体系建设的城市、企业数量不断增加，溯源行业规模呈扩大趋势。提供溯源技术方案的企业与批发、零售企业之间的合作正在加强，溯源技术方案随需求变化也在不断更新，水产品质量安全溯源在此基础上也将得到不断发展和完善。

9.2　水产品质量安全溯源的实现方式

水产品质量安全溯源是按照一定的技术和管理规范对水产品从生产、流通到销售的全过程进行追踪记录和监管，并将所获取的信息上传至溯源管理云平台，再将溯源管理云平台与消费者查询平台和农产品质量安全监管平台对接，从而使数据能够供消费者认证农产品质量以及监管部门监管农产品质量安全使用。水产品质量安全溯源流程如图 9-1 所示，水产品从养殖环节向消费终端流转，过程中每个环节的溯源信息都上传至溯源管理云平台进行统一管理和存储，消费者通过扫码查询获取溯源信息。

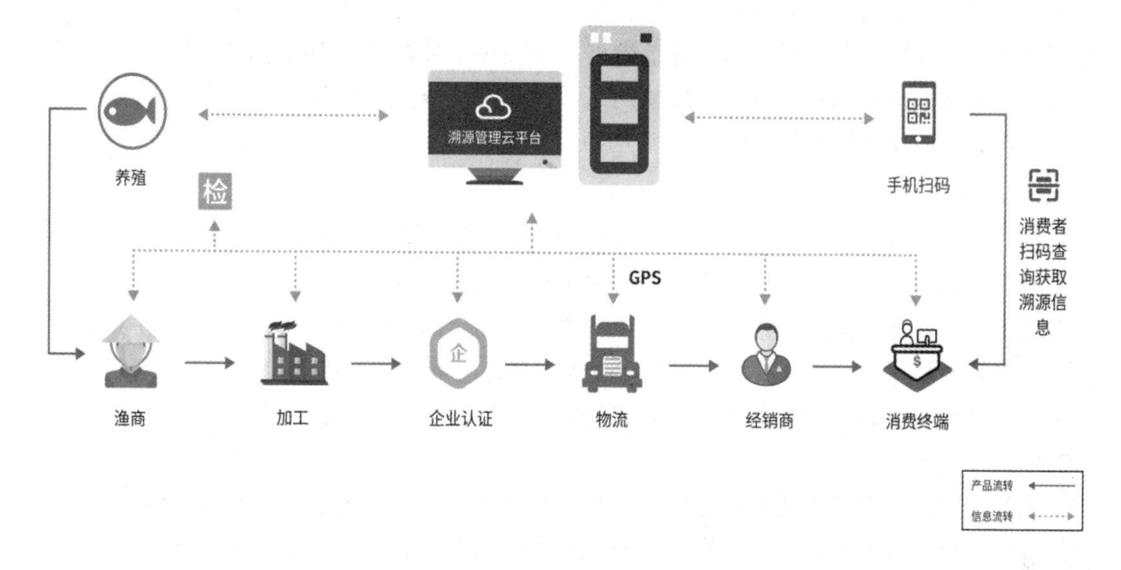

图 9-1　水产品质量安全溯源流程

1. 采集溯源信息

采集溯源信息是指应用现代信息技术采集水产品产业链上各个环节的详细信息，包括但不限于养殖环节的产地、品种、水质、饵料、药物、病害、周期、规格、数量、批次信息，加工环节的时间、地点、人员、工艺信息，仓储环节的环境、时间、位置、方式信息，运输环节的环境、地点、方式、人员信息，检测环节的时间、人员、方式、结果信息，销售环节的时间、数量、商家、流向信息。每批次水产品采用二维码、RFID 等技术进行标识，形成“一物一码”，确保水产品具体信息可被追溯。水产品部分溯源信息如图 9-2 所示，消费者通过扫描水产品二维码获取水产苗种来源、生长环境、投喂/用药、生长周期、运输环节等信息，最终实现安全购买。

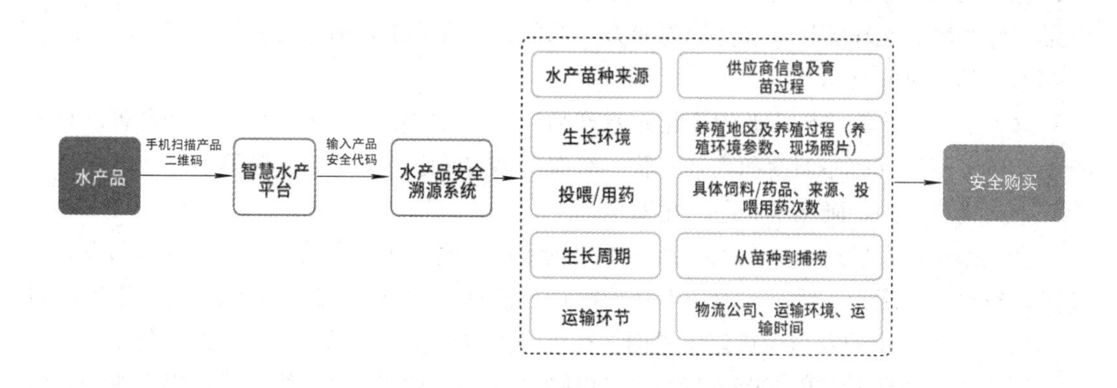

图 9-2　水产品部分溯源信息

2. 建立溯源管理系统

水产品质量安全溯源涉及的数据量庞大，因此需要建立信息化管理系统，即溯源管理系统。溯源管理系统负责对溯源信息进行整合、存储、分析和共享，按照不同环节对数据进行分类，如养殖环节数据、加工环节数据、仓储环节数据等，为后续的溯源管理提供数据支持。采集的溯源信息通过无线传感网络、移动网络传输至溯源管理系统，在传输过程中要保障数据的精确性和稳定性。

3. 溯源信息共享

搭建的溯源管理系统平台可方便地进行数据管理和查看。该平台提供数据共享接口，与消费者查询平台和水产品质量安全监管平台进行数据共享。水产品供应企业提供水产品的溯源信息，可保障所生产水产品的质量；消费者利用溯源信息，可了解水产品的来源，并对水产品质量作出判断；监管部门利用溯源信息可监管水产品市场，整治违法违规行为。通过全程追踪记录和监管，形成联合监管体系，可以及时发现问题并进行处理，确保消费者的健康和安全。

水产品质量安全溯源的核心是建立一套信息化系统，通过记录和管理每个环节的相关信息来实现全过程追溯，为保障水产品质量安全提供有效的手段。通过溯源监管，可以保障水产品消费安全，发现问题可以及时定位、召回和处理，也有利于提升水产品供应企业及其产品的信誉度和竞争力，促进水产品行业健康发展。

9.3 水产品运输溯源平台

水产品运输是水产品产业链中的重要环节，安全高效的水产品运输对于减少运输损耗、预防疾病传播、防止环境污染的作用明显。水产品运输业的转型升级对于水产业上下游产业的发展具有重要影响，规范的水产品运输能够减少水产品损耗，减少供应企业的损失，保障正常的水产品供应。另外，水产品运输也是水产品质量安全溯源的核心环节，记录水产品运输车辆、运输流程、清洗消毒等方面的信息，将其作为溯源信息的一部分，有助于保障水产品质量安全。

水产品运输溯源平台主要用于记录水产品运输环节的信息，用户使用该平台可以对水产品运输车辆进行有序调度和高效监管，掌握车辆实时定位、运输轨迹等信息，核查是否存在违规操作行为，确保水产品运输安全。

登录系统，直接进入如图 9-3 所示的管理中心界面，在该界面可以查看订单列表，选择订单编号、承运人、状态即可查看相应的订单信息。单击“快速发布运货订单”图标可进入如图 9-4 所示的发布运货订单界面，在该界面填写装货信息、收货信息、货物信息，并设置路上手动打卡点和 GPS 自动定位间隔时间，单击“提交”，系统显示提交成功，如图 9-5 所示为订单提交成功界面，接着单击“分派司机”按钮，可选择负责运送该订单货物的司机，如图 9-6 所示为分派司机界面，在该界面输入司机姓名并单击“确定”按钮即可成功发布运货订单。

图 9-3　管理中心界面

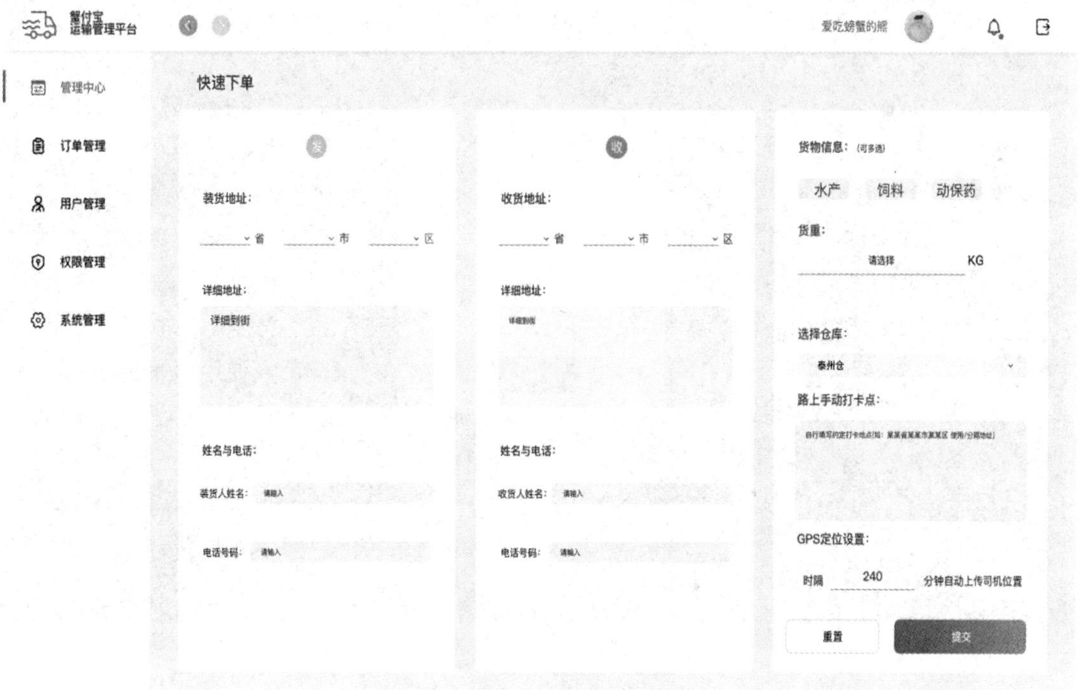

图 9-4　发布运货订单界面

图 9-5 订单提交成功界面

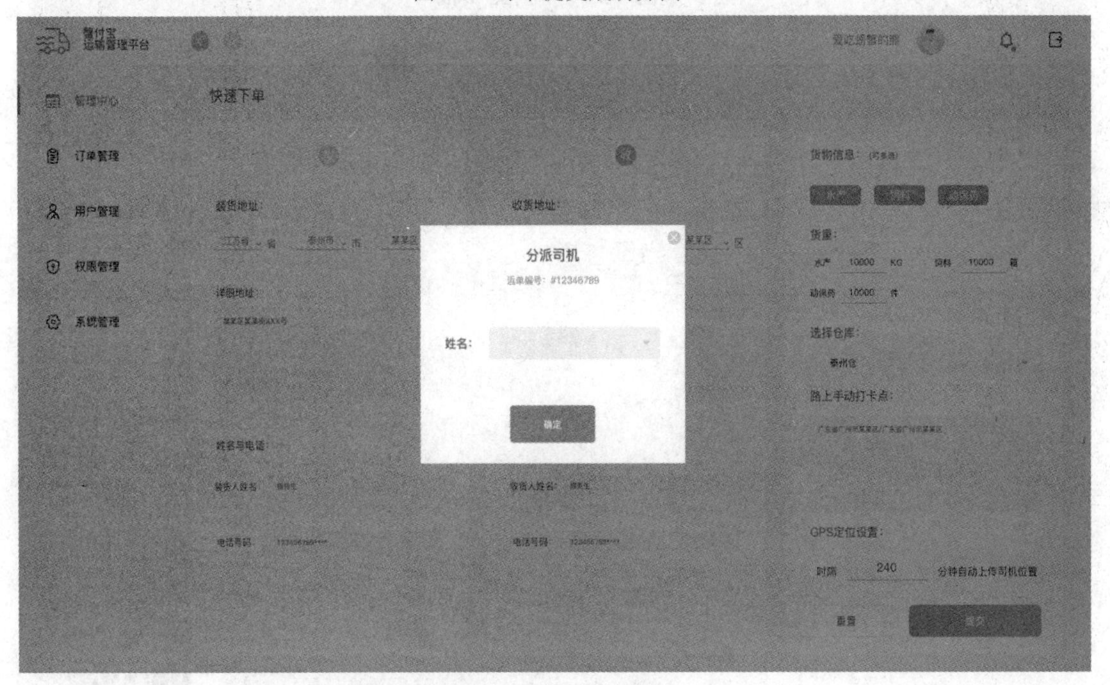

图 9-6 分派司机界面

在图 9-3 所示的管理中心界面单击“查询管理货物库存”图标可进入如图 9-7 所示的库存管理界面，在该界面可以查看、更新库存信息；单击库存管理界面右上角的“更新记录”按钮，即可进入如图 9-8 所示的库存更新历史记录界面，在该界面选择种类、仓库等信息可以查看库存更新记录。

图 9-7　库存管理界面

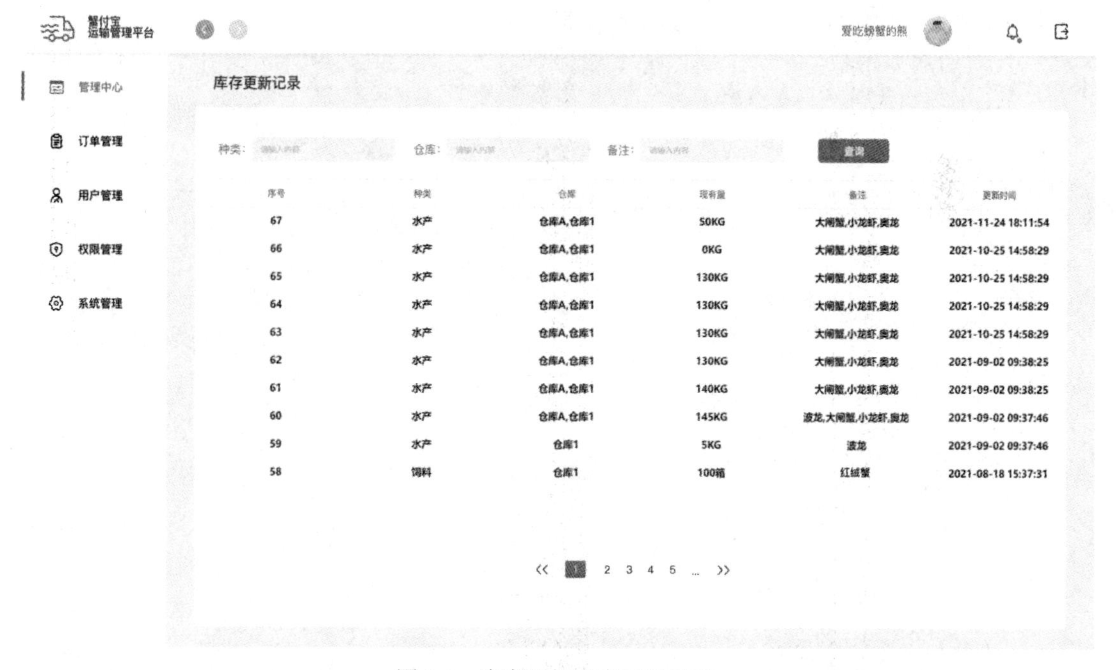

图 9-8　库存更新历史记录界面

在如图 9-3 所示的管理中心界面，单击“订单管理”，可进入如图 9-9 所示的订单管理界面，在该界面可以查看所有订单信息，包括订单编号、承运人、种类、下单时间、地址、物流二维码和进程；使用移动终端扫描物流二维码，可以在移动终端上查看订单信息；选择订单编号、承运人、状态可以查询相应的订单信息。单击操作栏的“订单详情”图标，可以进入如图 9-10 所示的订单详情界面。

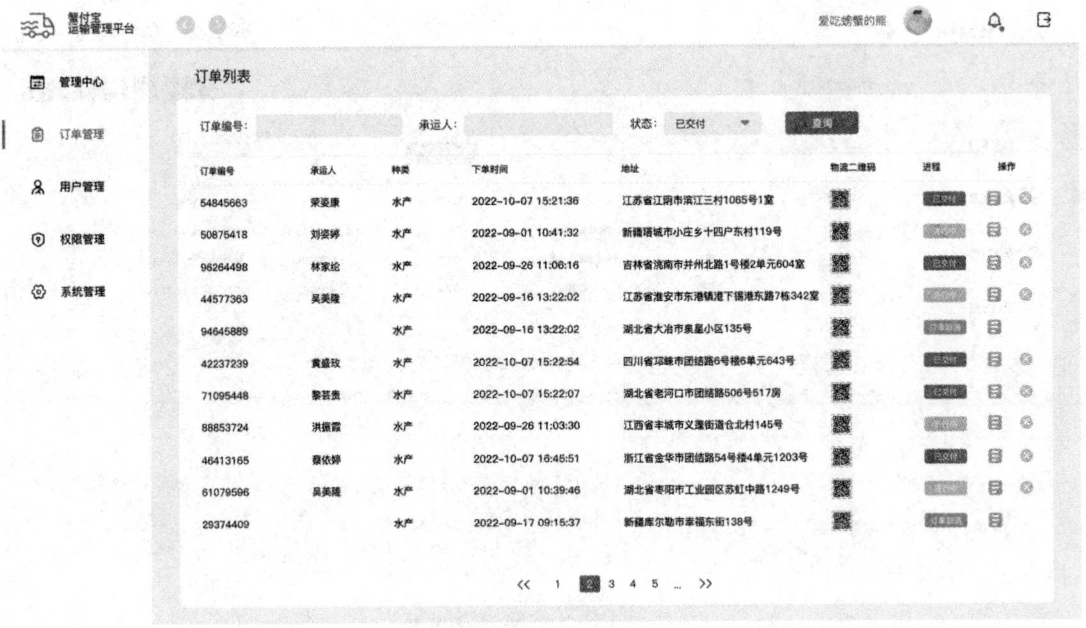

图 9-9 订单管理界面

图 9-10 订单详情界面

第 10 章　智慧海洋牧场与休闲渔业

海洋牧场(Marine Ranching)是一种利用海洋资源进行海洋养殖的生产模式，它类似于陆地畜牧业，二者的不同之处在于海洋牧场主要生产海鲜，如贝、虾、蟹、藻、鱼等。海洋牧场可以是浮式的，也可以是固定的，可以在近海、海湾、沿海浅海、深海等不同地理位置建设。规模化渔业设施和系统化管理方法可以提高牧场海产品的产量和质量，减少野生海洋资源的开采压力，并为渔业提供可持续发展的途径。海洋牧场还可以促进沿海地区的经济发展和就业。近年来，随着水产品需求量的不断提高，海洋牧场在保障粮食供给方面也发挥了重要作用。

10.1　智慧海洋牧场

为应对生态环境恶化、渔业资源衰退、生产风险加剧等问题，海洋牧场目前正朝着智慧化方向转型，通过在生产建设过程中引入物联网、云计算、人工智能等现代化技术，提升智能化、数字化、网络化、可视化水平，可实现海洋生态环境优化、渔业资源养护、抗风险能力提升、产品竞争力增强、产业融合发展等目的。智慧海洋牧场已成为海洋牧场建设的必然趋势。

10.1.1　智慧海洋牧场的体系架构

建设智慧海洋牧场的关键是在传统海洋牧场的基础上，引入智能技术和装备，实现对区域内渔业信息的采集、传输、处理和应用，达到智能化生产管控的目的。智慧海洋牧场的总体构成可分为四层，如图 10-1 所示。

1. 感知层

感知层位于整个体系架构的最前端，它通过将各种传感器(如水质传感器、温度传感器、光照传感器、氧气传感器、pH 值传感器等)和检测设备(如摄像头、水下摄像机、声呐、浮标、机器人等)部署到海洋牧场中，并应用物联网技术将各种传感器和检测设备连接起来，从而收集大量的实时海洋环境数据和牧场养殖数据。该层主要负责采集和汇聚数据，并将获取的数据向外传输。感知层使用固定设备、移动设备和无人机等覆盖整个海洋牧场，可以实时、准确地监测和掌握海洋牧场的环境信息和养殖情况，为智慧决策提供重要的数据信息支撑。

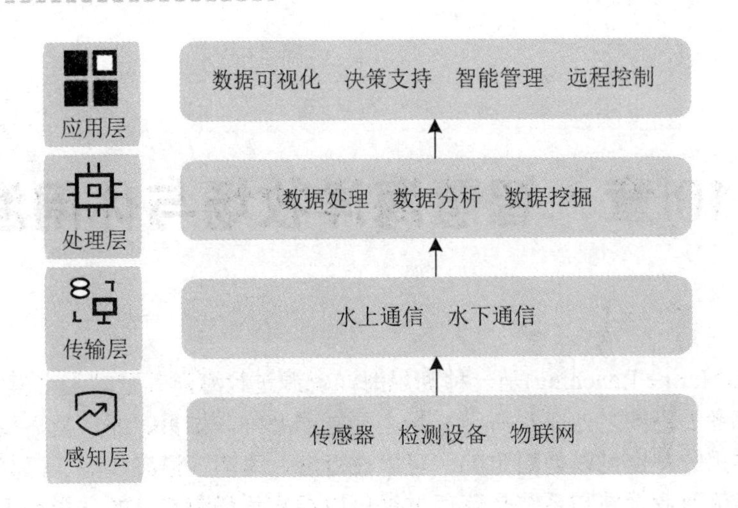

图 10-1 智慧海洋牧场体系架构

2. 传输层

传输层主要用于数据的传输，包括水上通信和水下通信两部分。数据传输过程中需要采用网络传输协议、传输数据格式、数据压缩和解压缩等相关技术，以满足海洋牧场中不同设备之间的数据传输需求。其中，网络传输协议用来保证不同设备之间的数据传输的可靠性、稳定性和安全性，常用的传输协议有 TCP/IP、UDP 等；只有各个设备之间的数据格式能相互兼容，数据才能被正常传输和显示，因此，传输层需要统一的数据格式和编码方式，以便各设备之间的数据交互；在海洋牧场的监测和管理过程中，会产生大量数据信息，需要进行有效的压缩和解压缩处理，以减少数据的存储和传输成本，因此，传输层需要应用合适的数据压缩和解压缩技术，来提高数据的传输效率。传输层是智慧海洋牧场体系架构中非常重要的一部分，其稳定性和可靠性直接关系到整个系统的正常运行和性能表现。

3. 处理层

处理层是智慧海洋牧场体系架构中一个非常重要的层级，主要负责接收来自感知层的数据，并进行处理和分析，以提供有用的信息和决策支持。处理层的核心功能是数据处理，即根据不同的数据类型和格式，首先对数据进行转换、清洗和归档等操作，使数据变得更加规范化和可分析；接着对数据进行分析和挖掘，通过对海洋环境、养殖物等数据的分析，提取有用的信息并生成相关的报告、图表，以帮助管理人员做出更加准确的决策。

4. 应用层

应用层主要包括面向用户的应用程序，有数据可视化、决策支持、智能管理、远程控制等应用，其主要作用是提供用户界面和实用功能，将有价值的信息呈现给用户，帮助用户更好地管理和监控海洋牧场业务。应用层可以为海洋牧场提供多个应用场景，如水质环境监测、养殖物行为监测、生态资源分析等。应用层也可以对底层的传感器等设备进行管理和控制。此外，应用层可通过网络接口与外部系统进行数据交换，实现系统的互联互通。应用层是整个智慧海洋牧场系统的核心，是用户与系统交互的主要接口，也是数据处理和决策的中心，对系统的性能和功能起着至关重要的作用。

10.1.2　智慧海洋牧场的信息传输

智慧海洋牧场是利用现代科技手段对海洋养殖进行改良和提升的一种创新型养殖方式，信息的高效传输对智慧海洋牧场正常运营非常重要。只有结合水上通信技术和水下通信技术，才能实现对海洋牧场环境、生物和设备的实时监测和控制，有效提高智慧海洋牧场的管理效率和生产效益。水上通信技术主要包括光纤通信、卫星通信、微波通信、无线传感网络、移动通信等，可以应用于牧场与船只之间或牧场之间的远距离通信，实现远程监控、远程控制、数据传输等功能，方便管理人员随时随地了解牧场情况，及时做出决策。水下通信技术主要包括光纤通信、电磁波通信、声通信、光通信、磁感应通信等，可以应用于水下设备之间的联通和数据交换，以及水下设备与地面设备之间的通信，实现对水下生物的实时监测和对牧场设备的远程控制。水上通信技术在前面章节已涉及，以下主要对水下通信技术进行简要介绍。

水下通信介于水上物体与水下目标(潜艇、无人潜航器、水下观测系统等)或水下目标与水下目标之间，分为水下有线通信和水下无线通信两种。水下有线通信技术成熟，具有通信容量大、抗电磁干扰能力强、保密性能好等优点，但设备安装和维护困难，且成本高，对缆线的抗拉、抗腐蚀强度有较高要求，且由于缆线长度有限，因而无法实现长距离通信和节点间的动态通信。

水下无线通信以水为介质，通过各类载波传输信息，包含水下无线电磁波通信、水下无线声波通信、水下无线激光通信、水下无线磁感应通信等，可满足多样化的应用需求。没有水下无线通信技术，智慧海洋牧场的建设和发展会受到很大的限制，水下无线通信技术以无线方式传输数据和控制信号，让海洋牧场中的各个设备和系统之间实现互联互通，从而实现对海洋环境、水质、养殖生物等多个方面的实时监测和控制，提高养殖效率和产品质量，同时也能减少对海洋环境的影响。

1) 水下无线电磁波通信

水下无线电磁波通信(Underwater Wireless RF Communication，UWRFC)是以水为介质，以不同频率的电磁波为载体来传输文字、数据、图像等信息的。水(尤其是海水)中存在 Na^{+}、K^{+}、Ca^{2+}、SO_4^{2-}、CO_3^{2-} 等导电离子，对无线电磁波有明显的衰减作用，电磁波频率越高，衰减越严重，穿透深度越小。实验表明：低频无线电磁波在水下能传播约 6～8 m，30～300 Hz 的超低频电磁波的通信距离为一百多米。但需要注意的是电磁波波长越长，其通信所需的天线尺寸越大，小体积的水下节点无法满足该要求，再加上海水运动也会致使电磁波能量消耗，因此无线电磁波不能广泛适用于水下通信，只能进行短距离水下组网。

目前，较常用于水下无线通信的有甚低频、超低频和极低频三个低频波段。水下无线电磁波通信的发展方向为：提高发射天线辐射效率，增加发射天线的等效带宽，提升辐射场强和传输速率；通过微弱信号检测技术、数字调制解调技术应对噪声干扰，并使用差错控制编码技术纠正传输误差，同时采用高性能的编译码技术提升接收信号的可靠性。

2) 水下无线声波通信

水下无线声波通信(Underwater Wireless Acoustic Communication，UWAC)利用声波进行

信号的传递，其工作原理是对来自不同信源的文字、图像、语音等信息进行编码、加密和调制，转换为声信号，声信号经由水声信道进行传输，转换成电信号，后经过解调、解密和解码还原成文字、图像、语音等信息，最终被信宿接收，其基本框架如图 10-2 所示。

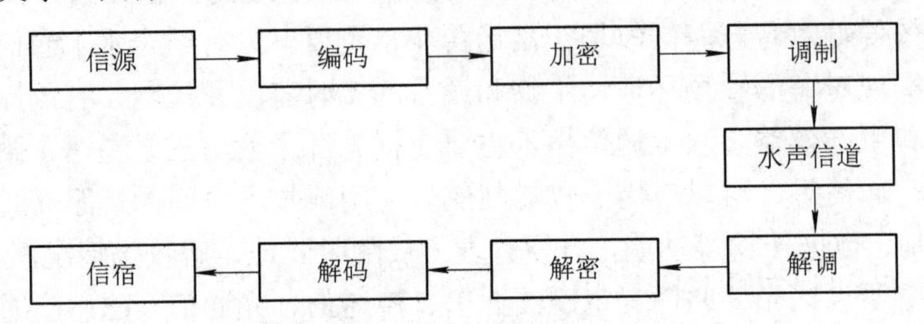

图 10-2　水下无线声波通信的基本框架

与电磁波不同，声波在水中不会明显衰减，其衰减率是 2～3 dB/km，约为电磁波的千分之一，因此，水声通信可实现较长距离的信息传输，其传输距离可达到数十千米。然而，水声通信的速率远低于水下电磁波通信，传输时延高，所以无法实现高速率、高容量的信息传输。此外，水声通信的性能与水声信道密切相关，水声信道复杂多变，会对水声信号产生严重干扰，多径效应严重、环境噪声影响大、易产生多普勒效应等是水声通信需要重点克服的难题，同时还要考虑如何降低水声信号对海洋生物造成的危害。

目前，关于水声通信技术的研究和应用已较为广泛，水声通信调制器、水听器等产品丰富，在军事侦察、水下监控、水下生物研究等领域都有了应用，且市场规模在逐渐增长。水声通信调制技术、信号处理算法等也在逐渐完善，单边带调制技术、频移键控(FSK)、相移键控(PSK)、多载波调制技术、多输入多输出技术等的研究取得了较大进展。水声通信正朝着网络化阶段发展，随着相关技术研究的不断深入，水声通信能力、通信效率、拓扑结构稳定性将得到不断优化，进而实现全方位、立体化的水下通信。

3) 水下无线激光通信

水下无线激光通信(Underwater Wireless Optical Communication，UWOC)是通过光波来传递信息的，常用的载体是波长为 450～530 nm 的蓝绿激光。水下无线激光通信原理如图 10-3 所示，主要包含发射端、水下信道和接收端三大部分，发射端的信息通过编码、调制和光源驱动，完成由电信号到光信号的转换；光信号在水下信道中传输，部分光信号受水环境影响发生散射和吸收；经过光源检测、解调、解码，光信号转换成电信号，接收端即可接收已还原的信息。

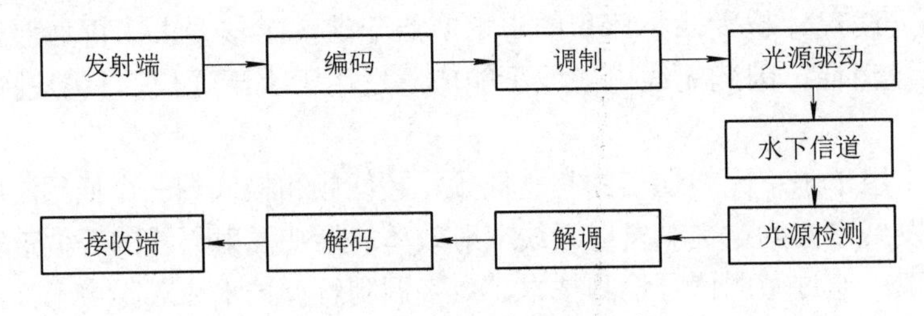

图 10-3　水下无线激光通信原理

4) 水下无线磁感应通信

水下无线磁感应通信(Underwater Wireless Magnetic Induction Communication，UWMIC)

是以磁场为载体，通过改变磁场强度来传递信息的。磁场信号穿透水下介质的能力比电磁波强，通信能力受水下传输介质变化的影响小，传输时延低，信道状态稳定。

应用水下无线通信技术搭建水下无线传感网络(Underwater Wireless Sensor Networks，UWSN)，是实现水下环境监测、水产生物探查等应用的重点，数据传输、设备控制、多端协同等都离不开水下无线通信技术。为进一步满足海洋牧场发展需求，还应进一步提升水下无线通信的传输速率、传输距离和传输带宽。随着相关技术的发展成熟，水下通信所需使用的设备数量会逐渐减少，应用成本也会降低，将成为适用于海洋牧场发展的高性价比通信技术。

10.1.3　智慧海洋牧场的关键设备

智慧海洋牧场是一种集成现代科技与海洋养殖技术的高效渔业生产管理系统，以物联网、传感器和人工智能等作为智能化生产管理的技术支撑，其实现必然离不开智能设备。智能设备对海洋牧场的正常运营发挥着重要作用，主要体现在提高生产效率、优化管理、保障安全等方面，例如，通过智能设备实现的远程监控、自动化操作、数据分析，可帮助海洋牧场管理者实时了解养殖现状、识别问题、制定决策。此外，智能设备还能够提供海洋环境监测、灾害预警等信息，有助于对海洋牧场的生态环境进行有效管理和保护。智慧海洋牧场涉及的智能设备众多，按设备所处空间位置的不同，可以将这些智能设备大致分为水下设备、水上设备两类，每个种类都包含多种智能设备，如表 10-1 所示，设备间的相互协调可确保海洋牧场运转的高效性和可持续性。

表 10-1　智慧海洋牧场的智能设备

分类	智 能 设 备
水下设备	水下机器人、水下摄像头、传感器、智能渔具、水下无线网络、水下数据传输设备、水下生物过滤器等
水上设备	水泵、氧气机、饲料机、水处理设备、无人机、无人艇、卫星设备、通信设备、信号塔、雷达站、数据中心、控制中心等

以下对智慧海洋牧场智能设备中的水下机器人、无人机、无人艇作详细介绍。

1. 水下机器人

水下机器人(见图 10-4)是一种专门用于在水下完成各种操作和任务的机器人，它集人工智能、目标识别、电子通信、控制科学、模式识别、系统集成等技术于一体，具有适应水下环境的特性(如防水、耐腐蚀、抗压等)，在作业范围、作业方式、适应能力等方面具有突出优势。水下机器人一般由机械结构(包括机体、结构支撑、运动系统、执行机构等)、电子系统(包括传感器、控制器、通信系统等)、能源系统(包括电池、电机等)、软件系统(包括机器人控制程序、显示程序等)等组成。其类型分为自主式水下机器人(Autonomous Underwater Vehicle，AUV)、遥控式水下机器人(Remotely Operated Vehicle，ROV)、混合式水下机器人(Autonomous and Remotely-operated Vehicle，ARV)。自主式水下机器人相对于其他两种机器人更具独立性，即不需要人的干预，能够自主完成水下任务；遥控式水下机器人需要人的干预，即人通过遥控设备控制机器人的移动和操作，完成远距离遥控式工作；混合式水下机器人综合了自主式和遥控式水下机器人的优点，既能完成高度自主化的工作，也能被远程控制。

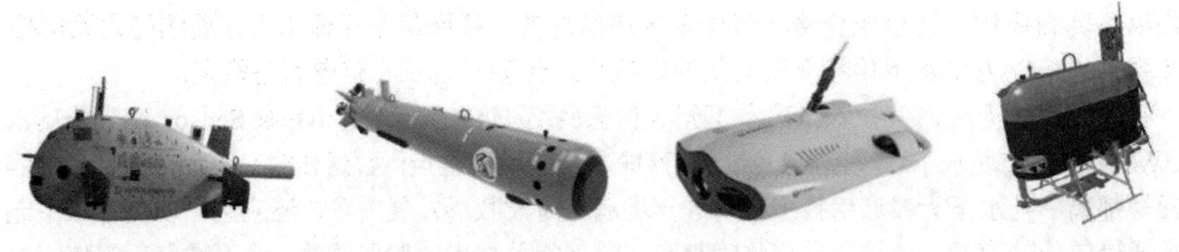

图 10-4 水下机器人

1) 水下机器人的工作原理

水下机器人的工作原理主要是通过传感器检测周围环境的物理量，然后通过控制器进行计算和处理，最终通过执行机构实现机器人的运动和操作。水下机器人工作的主要环节包括目标识别、路径规划和导航、作业控制。

(1) 目标识别。目标识别是水下机器人工作的前提，为保障作业过程精准、高效，要先实现对目标的准确、快速识别。目标识别过程需要先获取目标信息，然后再进行识别定位，整个过程涉及图像获取、图像处理、运动控制等技术。

在获取目标信息时，水下机器人需要配备高精度的传感器和成像设备，如多波束声呐、激光扫描仪、摄像机、传感器等，通过这些设备获取目标的位置、形状、大小等信息。使用单一设备获取目标信息往往有所不足，因此通常采用多种方式融合的监测方法，为后续的精准识别提供准确、全面的基础数据。在获取的数据基础上，利用算法进行数据处理，剔除无效数据来提升图像质量，再使用计算机选取关键信息点进行特征分析，提取出目标的特征和属性，如颜色、形状、纹理等，参照分析结果进行目标匹配、识别和分类。

除了对感知设备和算法的不断优化，在目标识别过程中也需要考虑水下环境(如水流、水质、光照等)和目标移动等因素的影响，针对不同的状况做出相应的调整，防止图像出现对比度低、色彩模糊、噪声严重等质量问题，提高目标识别的准确性和稳定性。另外，还要设计合适的运动路径和控制策略，以便接近和观察目标，提高精准识别的成功率。

(2) 路径规划和导航。路径规划和导航是水下机器人精准工作的关键。在实际应用时，水下机器人首先需要基于作业任务和作业环境对路径进行合理规划。水下机器人通过配备的声呐、摄像机、激光雷达等设备感知周围环境，实现对水下障碍物、水流情况等的检测，并在检测过程中实时检测机器人自身状态；基于所获取的数据进行数据处理和建图工作，获取水下环境地图和位置、姿态、速度等自身状态信息；根据水下环境地图和任务目标，采用模糊逻辑算法(Fuzzy Logic Algorithm，FLA)、蚁群算法(Ant Colony Algorithm，ACA)、神经网络算法(Neural Network Algorithm，NNA)、粒子群算法(Particle Swarm Optimization，PSO)、遗传算法(Genetic Algorithms，GA)等路径规划算法计算机器人的最短路径或最优路径，得出路径规划结果。

水下机器人按照路径规划进行移动并开展作业，在作业过程中通过激光测距仪、GPS、声学导航(Acoustic Navigation，AN)、视觉导航(Visual Navigation，VN)、惯性导航(Inertial Navigation，IN)等导航技术确定自身的位置和朝向。在路径规划和移动过程中，水下机器人可能会遇到各种障碍物，静态障碍物可以在规划路径时有效避开，躲避动态障碍物则需要通过环境感知建模和动态避障算法加以实现。在执行任务过程中，水下机器人控制系统可根据感知数据和任务要求的实时变化，对水下机器人的状态和路径规划进行实时调整，以确保机器人能够准确、快速到达目标位置。

(3) 作业控制。作业控制是水下机器人自主工作的核心。水下机器人到达目标地点后，根据预先设定的任务和工作流程，精准开展工作并进行控制。水下机器人通过搭载的感知设备和定位系统对周围环境进行扫描和定位，明确目标对象，对自身位置、姿态进行适当调整；控制机械臂、末端执行器及其他所配备的设备开展工作，始终维持本体稳定和平衡；作业过程中应用神经网络、自适应控制、模糊控制等智能算法和控制系统对机器人进行控制，提高其作业精确度，避免碰撞和误操作。利用机器学习和深度学习技术，对水下机器人进行智能化训练和学习，也有助于提高其自主工作和控制能力。

2) 水下机器人在海洋牧场中的应用

近年来，水下机器人在资源调查、海洋科考、水下搜救等领域得到了广泛应用，海洋牧场也是水下机器人的一个重要应用领域。水下机器人在海洋牧场中的典型应用如下：

(1) 水下环境监测。水下机器人搭载水质传感器，可以对牧场水下环境进行实时监测。水下机器人监测水下信息具有范围广、机动性强、数据可靠性高等优点，通过搭载数据记录和传输系统，还能够存储和传输监测到的数据，将这些数据上传至云端进行分析，可以进行水下环境的综合评估。融合传感器节点、无人机、物联网等技术，可以构建完善的牧场环境监测网络。目前，环境监测是水下机器人海洋牧场应用的研究热点，相关产品种类丰富，但由于难以兼顾成本和性能，实际应用并不普遍。

(2) 水产生物辨识。通过搭载高清摄像头，水下机器人可以记录水下场景中的各种状况，如水产生物逃逸、死亡情况等。水下机器人运用视觉、激光、水声等探测方式，结合信息处理、模式识别和深度学习等技术，提取水产生物种类、数量、大小、位置、密度、分布等特征，可为水产生物生长评估提供有价值的依据。

(3) 养殖污物清洁。使用水下机器人可以大范围开展养殖污物的清理和处理作业，如网箱清洗，清除池塘底部和网箱内的死鱼、饵料残渣、杂草等。水下机器人在清洁产生的污物时，可以通过内置的污物收集器进行收集并处理，从而保持水体清洁，减少养殖污染。在清洁过程中，需要注意避免机器人误碰水产生物或损坏水中设施。

此外，水下机器人还能执行其他任务，如设备巡检、水产品捕获、撒药等，并与其他水下、地面、空中的节点进行灵活组网，构建一体化、动态化的水产养殖监测管理系统。水下机器人在水产养殖中的应用有利于提高养殖效率，改善养殖环境，推动水产业逐步实现机器代替人。值得一提的是，水下机器人技术在稳定性、控制精度、通信可靠性等方面还存在一些问题，需要加大研发创新，且由于受养殖模式、成本等因素限制，水下机器人在海洋牧场中的应用范围、水平仍非常有限。随着技术的不断发展和完善，水下机器人有望在海洋牧场以及其他领域发挥越来越重要的作用。

2. 无人机

无人机(Unmanned Aerial Vehicle，UAV)(见图 10-5)是一种装备了推进系统、GPS/北斗导航系统、传感器、摄像头、通信设备、控制系统以及其他一些组件的自动飞行设备。无人机是通过电子设备和传感器将无线信号传送至飞行控制系统，控制飞行器的电机转速、旋翼的角度和方向，从而实现飞行的。无人机的控制系统可以借助 GPS、惯性导航、气压计等传感器来协调飞行姿态和高度。同时，通过搭载不同的摄像头和传感器，无人机可以完成航拍、监测、测量和搜救等任务。

图 10-5 无人机

1) 无人机无线传感网络

无人机无线传感网络(UAV-WSN)是一种由无人机和传感器节点组成的网络体系结构，这种网络架构使用无人机作为移动基站，可将传感器节点连接到更高级的网络中。如图 10-6 所示，在 UAV-WSN 中，无人机负责收集来自传感器节点的数据，并将其传输到服务器。具体实现方式是传感器节点间通过 ZigBee、LoRa 或 NB-IoT 构建无线传感网络，同时在无人机中安装 ZigBee、LoRa 或 NB-IoT 无线传感模块，无线传感网络与无人机中的无线传感模块进行通信，完成信息传输。

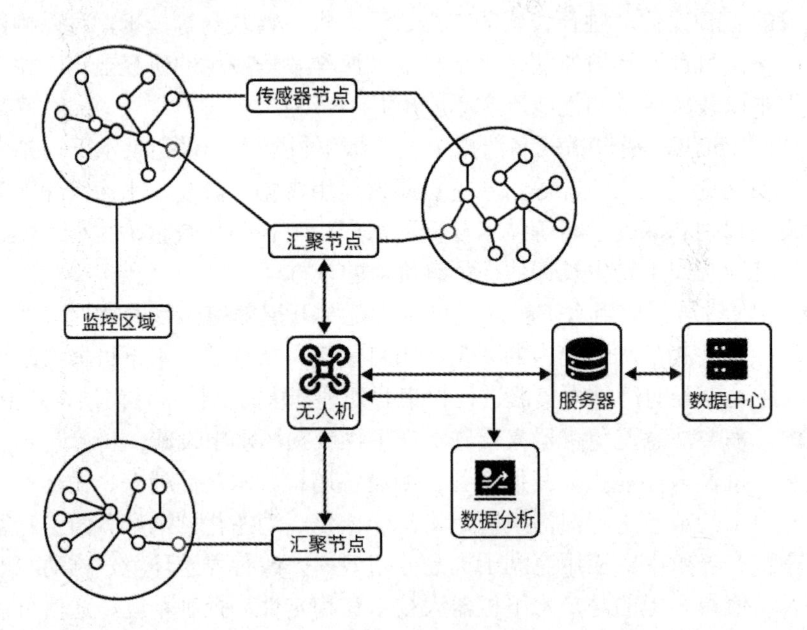

图 10-6 UAV-WSN 示意图

与使用 4G/5G 传输传感器采集的数据相比，使用无人机无线传感网络进行信息传输不受基站、WiFi 等条件的限制，以无人机作为移动基站可以更快地收集和传输数据，减少网络布置和维护成本，从而提高效率并降低传输成本。无人机可以在不同的高度、角度和速度下飞行，以收集不同类型的数据，也可以避免地面干扰，使整个系统更具灵活性。由于无人机可以在需要时对传感器节点进行基站切换，因此 UAV-WSN 可以更好地应对网络中的单点故障。无人机不仅可以接收传感器节点监测的温度、湿度、光照、气压、降雨量、声音等变量，还可以搭载相机和激光雷达等设备，以获取更多的数据，且由于无人机可以飞行到人难以到达的区域，因此 UAV-WSN 可以在环境监测、军事侦察、救援行动等多个领域发挥重要作用。

虽然 UAV-WSN 具有许多优点，但在实际应用过程中仍存在一定的局限。其中一个主要局限是无人机的续航时间和航程有限，当传感器节点远离基站时，需要无人机长时间飞行并收集数据，因此，要使 UAV-WSN 发挥最大的作用，需要选择具有足够续航时间和航程的无人机。无人机的高度、速度和飞行路线也会影响数据采集的效率和准确性，所以前期要做好飞行路径规划。另一个局限是无人机对操控人员的技术专业性要求较高，如果无人机操控人员没有经过专业培训，往往难以保障无人机作业时的高度稳定和安全。最后，由于无人机和传感器节点之间是通过无线信号来通信的，在特殊使用场景下还需要考虑网络安全和数据隐私的问题，以确保数据的安全性和保密性。尽管存在许多挑战，但 UAV-WSN 的潜在应用领域仍然非常广泛。

2) 无人机在海洋牧场中的应用

无人机可以为海洋牧场生产管理提供新的思路和手段。无人机除了可以作为移动基站传输海洋牧场传感器节点采集的数据，也可以搭载各种传感器和设备，如高分辨率相机、激光雷达、红外传感器等，通过远程遥控或预设程序运行，自主巡航完成任务并实时传输数据，实现全天候、全时段、高效率的海洋牧场监测和管理。例如，利用无人机平台搭载遥感设备，获取大面积、高分辨率的海洋地形、海面状况等方面的信息，可以对海洋牧场及其周边环境进行精细化分析，并监测其变化趋势，以此判断海洋牧场养殖物是否适应该环境，为合理规划和决策提供支持，这些信息也可以用于海洋环境变化监测、海洋生态研究等；无人机搭载高清摄像机可采集水产生物的影像，再通过图像分析识别水产生物，获取水产生物活动的有效信息，然后结合机器视觉技术对图像进行处理，从而提取海洋生物的特征信息，还可以评估养殖质量；当台风、海啸等灾害结束后，使用无人机搭载高分辨率摄像头或多光谱相机等设备对牧场养殖区域进行低速航拍，可以评估灾害对海洋养殖的影响；通过无人机拍摄海洋养殖区域的图像或视频，可以对海网、浮标等设施进行检测，确认设备情况；此外，无人机可以用于全面巡查海岸线，发现可能存在的污染源、非法捕捞行为等，保护海洋生态环境。

3. 无人艇

无人艇是通过集成导航系统、传感器和控制系统来实现自主导航和控制的，其中主要的传感器包括 GPS、惯性导航、水声测距仪、激光雷达等，用于获取水下和水面环境数据，实现测量、探测、定位等功能。无人艇控制系统包括电力系统、通信系统、数据传输系统等，用于控制艇体运动、传输数据和接收指令。通过这些系统的配合，无人艇在没有人工干预的情况下即可实现自主行驶、自主避碰、采集信息、执行任务等功能。无人艇的种类多样，包括无人潜航器、无人清洁船、无人巡逻艇等。其中，无人潜航器是一种专门用于深海勘探的智能机器人，可以在极端环境下工作，具有很高的灵活性和可靠性；无人清洁船是一种用于海上清洁的智能机器人，具有高效、低耗等优点；无人巡逻艇是一种用于海事执法、边境巡逻、海域监测等方面的智能机器人，具备自主航行和监测能力。无人艇目前广泛应用于海洋调查、海底探测、水下作业、水上巡逻等领域，可以执行危险任务，降低人员风险，也可以提高作业效率和减少成本，它将逐渐取代传统的船只和潜艇，成为海洋领域的重要智能设备。

使用无人艇进行海洋牧场生产管理，可以为养殖管理、环境保护和灾害防范等提供重要的技术和数据支持。例如，无人艇可以搭载各种传感器，对海洋环境进行实时监测，包括水温、盐度、水质、气象等数据，为海洋牧场的环境管理和决策提供重要依据；通过搭载声呐等设备，无人艇可以对海洋中的鱼群进行检测和定位，辅助开展养殖管理；无人艇定期巡查牧场水域，有利于及时发现问题，保障海洋牧场环境的安全和稳定；无人艇通过实时监测海洋环境变化，及时预警海洋灾害，如台风、风暴潮等，能够为智慧海洋牧场的安全防范提供支持。

10.2 休闲渔业

近年来，智慧海洋牧场的建设加快了产业融合进程，渔业和旅游业融合形成了一种渔业旅游新形式——休闲渔业。目前已有许多地区建设了休闲观光型海洋牧场，打造了多样化的休闲渔业发展模式，使之成为海洋牧场管理开发的一种新兴产业。

10.2.1 休闲渔业在国内的发展情况

休闲渔业指的是通过整合、共享渔业资源，打造多样化渔业产品和服务，满足消费需求，从而提升渔业经济产值的产业形态。休闲渔业本质上是传统渔业与现代信息技术、旅游业、金融业的有机融合，集渔业生产、观光旅游、渔事体验、科普培训、住宿餐饮等于一体，采用共享模式推广渔业产品和服务。

近年来，国内休闲渔业发展呈现出良好态势。如图 10-7 所示为 2012—2021 年全国休闲渔业产值，根据休闲渔业监测统计数据，2012 年至今，国内休闲渔业产值及其占渔业经济总产值的比例总体是上升的。2020 年受新冠肺炎疫情影响，休闲渔业产值有所下降。2021 年，国内休闲渔业呈现复苏态势，产值达 805.40 亿元，同比增长 3.18%。其中，产值超百亿元的省份包括山东、广东和湖北，另外，产值超 10 亿元的省份包括江苏、四川、安徽、辽宁、浙江、湖南、江西、重庆、海南、吉林、福建、云南，可以看出，省际发展不平衡的问题突出，沿海和内陆差距明显。

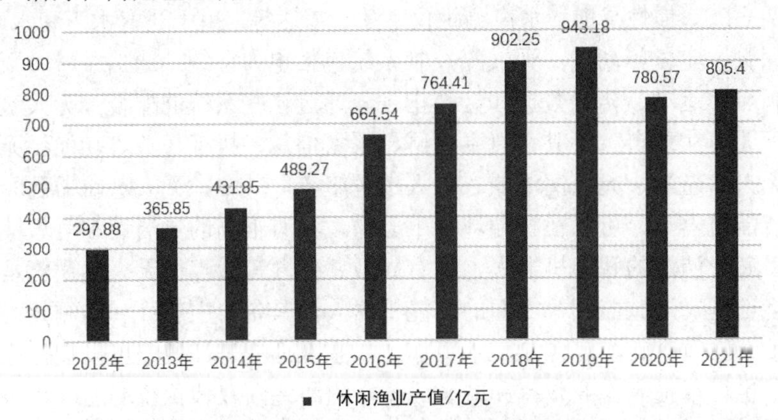

图 10-7　2012—2021 年全国休闲渔业产值

从产业结构来看，国内休闲渔业分为旅游导向性休闲渔业，休闲垂钓及采集业，钓具、钓饵、观赏鱼渔药及水族设备，观赏鱼产业和其他共五种类型。其中，旅游导向型休闲渔业、休闲垂钓及采集业为主导产业，2021 年产值分别为 325.45 亿元和 252.21 亿元，分别占休闲渔业产值的 40.41%和 31.31%；钓具、钓饵、观赏鱼渔药及水族设备产值为 128.83 亿元，占休闲渔业产值的 16.00%；观赏鱼产业产值为 94.86 亿元，占休闲渔业产值的 11.78%。2021 年，国内休闲渔业产业结构占比如图 10-8 所示。

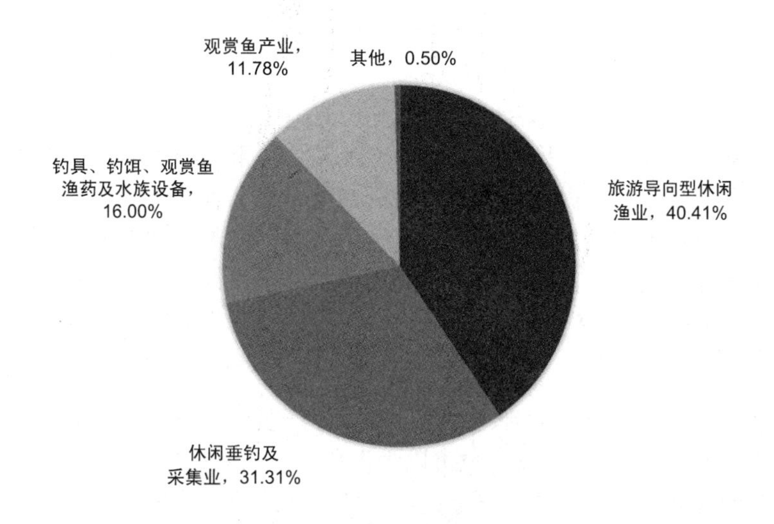

图 10-8　2021 年国内休闲渔业产业结构占比

休闲渔业是渔业“五大产业”之一，其发展对增加水产品销售、延长渔业产业链、带动旅游消费、拉动人口就业、增加渔民收入产生显著作用，也将进一步推动渔业产业与物联网、大数据、云计算、人工智能等技术的融合，促进渔业进行现代化转型升级。国家、部门和地方陆续出台了休闲渔业的有关政策，国务院印发《“十四五”推进农业农村现代化规划》，提出“推动农业与旅游、教育、康养等产业融合，发展田园养生、研学科普、农耕体验、休闲垂钓、民宿康养等休闲农业新业态”；农业农村部印发《“十四五”全国渔业发展规划》，提出培育壮大多种业态，发展休闲渔业，保护传承渔文化；北京、广东、海南、浙江等省市也发布了相关政策文件，规范、支持休闲渔业发展。

10.2.2　共享经济背景下的休闲渔业

共享经济是基于互联网的新经济形态，它通过整合和共享商品、服务、数据、技能等资源来创造收益，需要较大程度地应用信息技术和网络平台，以最大程度地提高资源利用效率。物联网、云计算、大数据等现代信息手段的发展使万物互联成为可能，也加速了共享经济的发展。将休闲渔业与共享经济相结合，形成集生产、销售、旅游于一体的共享渔业发展模式，既能让消费者更广泛地参与渔业生产管理和休闲体验，也能更加高效、开放、合理地配置资源，为渔业发展提供更多样的市场平台，产生新的渔业创收渠道。

采用共享模式发展休闲渔业，可以将许多休闲渔业内容纳入共享范围，加强渔业发展与新的技术、市场、服务等的联系。休闲渔业的资源共享模式主要包括以下几种：

1. 信息共享

搭建信息共享平台可对当地特色优质渔业资源、产品、服务进行大范围宣传推广，吸纳流量，提升当地休闲渔业的知名度。通过广泛发布、共享休闲渔业信息资源，可使经营者和市场的对接更为精准、便捷，进而以销售、租赁、融资等形式引入多方力量来共同参与休闲渔业资源配置和管理，推进共享渔业建设。政府、企业合作建立休闲渔业信息共享云平台，统计、发布当地的休闲渔业资源、产品、服务的种类、数量、质量、优势等信息，可借助官方渠道宣传、推介休闲渔业业务，扩大推广范围，提升可信度。

2. 产品共享

休闲渔业采用线下、线上相结合的产品共享模式。消费者直接到现场进行交易，即实现了线下产品共享，渔事体验、休闲垂钓、科普观赏、赛事参与等体验式休闲渔业产品通常采用这一方式进行共享，以提升消费者的消费体验。消费者通过网络平台进行休闲渔业产品预订、租赁、定制、购买，即实现了线上产品共享，在这一过程中，物联网、大数据可提供精准信息支持，帮助经营者减少产品流通环节，获悉订单数量，降低生产成本和风险，同时经营者还可根据消费者的消费历史和背景信息，推荐更为合适的产品。

3. 设施共享

经营者在网络平台发布闲置鱼塘、设备等渔业生产基础设施的租赁信息，可通过租赁闲置设施设备增加收入。另外，经营者也可以为消费者提供直接参与渔业生产管理的渠道，消费者租赁所需设施并认养水产品，自行进行养殖管理或请经营者代为管理。在水产品代管理过程中，消费者通过系统平台或APP远程监控所认养生物的养殖过程和生长情况，发布投饵、撒药、捕捞、销售、寄送等需求指令，实现“云养殖”，体验水产养殖乐趣，保障水产品质量安全。

4. 技术共享

休闲渔业企业建立科普示范平台，可将成熟渔业养殖生产技术和经验、新型休闲渔业产业构建模式、特色休闲渔业产品打造方式、完善渔业安全环保管理方法等进行共享；也可以通过网络平台直接与需求方对接，提供在线技术咨询服务，或者进行现场咨询。通过合作探讨的方式挖掘、共享、推广优质的休闲渔业生产经营管理技术，有助于从整体上提升休闲渔业的产业质量和市场竞争力。

5. 产业共享

目前，产业共享有两种实现模式，一是通过吸纳投资人的方式进行，投资人提供资金和资源，休闲渔业企业提供资金、技术和设施设备，双方划定合作生产规模，统一进行产品推广和销售，最后进行利益分配，由此使休闲渔业企业获得产业发展所需的资金和资源支持，提升竞争力；二是大型休闲渔业企业与水产养殖散户合作，大型休闲渔业企业租赁养殖户鱼塘，解决资金、技术、销售、保险等问题，养殖户采用统一标准开展养殖生产、打造休闲渔业产品，从而获得租金、劳动收益和一定的分红，双方形成利益共同体，扩大产业规模，保障产品质量。

“共享经济+休闲渔业”可以突破传统的渔业生产管理和资源配置方式，通过各类资源共享模式，打造产业化渔业养殖和休闲旅游相结合的产业生态系统。

10.2.3　推动休闲渔业发展的举措

推动休闲渔业发展的举措包括以下三方面。

1. 加强基础设施建设

完善的基础设施是休闲渔业发展的必要基础，休闲渔业发展需要结合当地渔业资源特色和市场情况，完善养殖基地、道路交通、无线网络、商业服务等基础设施建设，打造全面的休闲渔业基地，满足消费者养殖、垂钓、观光、科普、旅居等需求。

2. 加强技术研发应用

在渔业养殖方面，加强对新品种繁育、智能化养殖等技术的研发和应用，提高渔业产品的产量和质量。在生态保护方面，研发环境监测、污染检测、污染治理等技术，为消费者提供生态环保的休闲渔业环境。在智慧服务方面，通过互联网平台和信息技术进行资源的快速优化配置，应用物联网、互联网、云计算、人工智能等技术为消费者提供交通指引、路线定制、知识科普、智能讲解等 AI 导游服务。在经营管理方面，建立信息系统，对休闲渔业相关业务进行实时监控，保证其良好发展。

3. 培养专业人才

相比于传统渔业，休闲渔业所需的人才种类更加多样，因此需要培养养殖管理、技术研发、产品开发、科普讲解、基地经营等多方面的专业人才；对于由传统渔业从业者转岗转业而来的人员，需要加强培训，使其掌握休闲渔业发展所需的经营管理、信息技术应用等必备技能。

推动休闲渔业发展，还需要从打造优质旅游产品和服务、完善生产经营模式、加强政策和资金支持、创新渔业资源共享体系、保护渔业生态环境等方面入手。随着技术、人才、市场、制度等条件日益成熟，将有更多的资源向休闲渔业汇集，推动休闲渔业成为优化渔业生产结构、保障渔民持续增收、落实乡村振兴战略的重点产业。

第 11 章　智慧渔业保险

11.1　智慧渔业保险及其特征

近年来，中国农业保险体制和机制日益完善。2007 年起，中央财政为农业保险投保农户提供一定的保费补贴，拉开了发展政策性农业保险的序幕。2021 年，中央财政拨付保费补贴 333.45 亿元，带动农业保险实现保费收入 965.18 亿元，为农业生产提供风险保障 4.78 万亿元。目前，中国农业保险保费规模已超越美国，成为全球农业保险保费规模最大的国家。2022 年财政部修订出台了《中央财政农业保险保费补贴管理办法》，优化大宗农产品保费补贴比例体系和地方特色农产品保险奖补政策，促进承保机构降本增效，确保农业保险政策精准滴灌。

渔业是农业的重要组成部分，随着渔业规模化、集约化、规范化的发展，渔业经济效益将得到进一步提升，养殖户对渔业保险的需求也将扩大。渔业保险是保险机构的重要业务板块，开展渔业保险业务既响应了政策号召，也能够提升渔业领域的风险保障能力，充分发挥市场调节作用。然而，多数养殖户在损失发生前，并没有参加渔业保险的意识，而保险机构在无法相对准确勘损和评估风险的情况下，也不会轻易承保。目前，我国渔业保险业务呈现出总体规模小、覆盖面窄的特点，因此，渔业保险发展亟须获得更为智能化的方案支持。

智慧渔业保险意在实现保险业务的全流程智能化，对险种设计、承保验标、勘损理赔、生产监管、风险控制等环节实行智能化管理，建立信息共享平台，并将保险机构、养殖户和政府纳入其中，信息实时互通，为三方提供保险智能服务。物联网、人工智能、大数据、区块链、3S、智能终端等技术都能够应用于渔业保险，相关应用的研究较为丰富，但实际的应用案例相对较少，信息技术在渔业保险领域的应用在我国仍处于起步阶段。数据是开展保险业务不可缺少的资源，通过信息化技术手段采集、分析、处理数据，筛选出有价值的数据来指导开展渔业保险业务，优化经营流程，是渔业保险未来发展的重要趋势。

与传统渔业保险相比，智慧渔业保险的突出优势体现在以下几方面：

(1) 数据种类多样化。智慧渔业保险以海量数据为基础，通过传感器、RFID、3S 等装备和技术采集开展渔业保险业务所需的数据，过程中可以突破时间、空间和应用场景等的限制，摆脱因数据量不足而影响业务决策和开展等弊端，获取更为全面、丰富、精确的数据，进而建立渔业保险数据库，实时反映渔业情况。

(2) 数据处理专业化。基于信息技术手段采集的渔业保险数据来源多样、种类丰富，直接投入实际应用会使数据价值大打折扣，因此需要对这些数据进行专业化处理，应用专业数据模型进行数据的筛选、合并、转换、分析，深入挖掘数据的可用性，以便掌握保险机构或养殖户当前的经营状况，并进行风险评估和控制。

(3) 数据共享便捷化。渔业保险数据涉及养殖生产、水质气象、潜在风险、消费市场等多个方面，智慧渔业数据系统高效整合各类数据，并通过终端平台进行数据共享，促进数据跨平台流通。高效的数据共享为投保、承保、监管提供了实时的数据依据，可以降低保险机构开展业务的盲目性，同时使渔业保险真正为渔业发展保驾护航。

(4) 业务开展高效化。智慧渔业保险一方面可以采集依赖传统方式难以获取的数据，为保险机构承保、勘损、评估风险等提供更全面的数据依据，提高业务操作的效率，降低道德风险，另一方面也可以帮助养殖户掌控养殖风险，并提高其投保成功的几率，以实时数据作为参照，养殖户可以向保险机构动态呈现渔业资产和养殖生产情况，提升自身可信度。

11.2　智慧渔业保险的应用

智慧渔业保险有以下几方面的应用：

1. 风险控制

受自然灾害和水产疾病等因素影响，渔业风险相对较高，保险机构可能会提高保险费率或拒绝承保。当损失大时，保险赔付率高，商业保险机构的利润下降。因此需要对渔业损失风险进行及时控制，让保险机构愿意开展渔业保险业务，使渔民能持续得到保障。应用数据采集、生物识别、变量预测、数据分析等技术对养殖环境、水产生物、市场行情等进行实时监测、预测和预警，在此基础上优化养殖生产管理，制定风险预案和防控决策，可以帮助渔民降低、预防养殖风险，同时降低保险机构的赔付风险。

2. 灾后勘损

水产养殖方式和养殖品种多样，灾后勘损难度大。没有专业技术支持，很难对水产疾病、水产生物死亡数量等进行确认，通常只能直观估计损失程度。再加上水产养殖散户较多，分散于各个区域，投保面积普遍较大，一旦损失发生的时间相对集中，难以在损失发生的第一时间内完成勘损工作。根据目前的渔业保险补贴情况，只有部分水产品纳入投保范围，这对扩大渔业生产规模有所限制。通过发展长势监控、产量预测、损失预测等应用，结合人工智能算法模型、数据挖掘等方法，可以取代人工作业对水产养殖损失进行合理计算，为灾后勘损理赔提供参考。

3. 生产监管

经营管理不善、自然灾害、水产疾病、运输储存不当等都可能会导致渔业损失，渔业损失发生的原因难以分辨和确认，且多数养殖主体为个体户，养殖管理规范化程度不高，养殖生产信息化水平较低，没有规范的养殖日志记录生产管理过程，生产管理监管难度大。

渔业保险赔付范围有限，在勘损难度大、勘损人员防范不足的情况下，难免会出现道德风险问题。构建全面的养殖生产数字化监控管理系统，结合异常识别等手段，可以及时发现异常情况并分析其产生原因，最大限度实现对灾情的远程实时掌控，降低理赔道德风险。

11.3 智慧渔业保险的发展建议

对于智慧渔业保险的发展建议有以下几点：

1. 推动渔业相关数据共享

渔业发展涉及的数据种类和内容多样，相关的数据管理部门众多，农业部、国家气象局、商务部、自然资源部、生态环境部等分别管理与渔业资源、生态气象、水产品市场、海洋资源、生态环境等有关的数据，海量数据分散于不同部门，且设置了一定的数据共享权限，数据共享难度大。将渔业相关数据实行统一规范管理，完善数据共享机制，将有助于建设渔业保险信息平台，为渔业保险发展提供全方位的数据支持。

2. 强化技术研发及其应用

保险行业对于渔业保险科技的研究较少，发展智慧渔业保险需要物联网、大数据、云计算、人工智能等多种技术支持，但受技术成熟性及其应用难度的限制，较难在短时间内大范围落地智慧渔业保险应用，因此需要强化技术研发、创新和成果转化能力。此外，相较于人身险、健康险和车险等热门险种，渔业保险的对象和风险复杂，需要对此开展专项研究，重新制定经营管理模式和方法。

3. 逐步建立技术和应用标准

数据贯穿智慧渔业保险应用的全过程，平台间的数据共享更为频繁，由此可能会存在数据篡改、泄露、滥用、侵权等风险，产生恶性竞争。大数据用户画像能帮助保险机构为养殖户提供个性化服务，但也可能会产生险种选择、保险定价不合理的问题，导致养殖户不能获得高性价比的产品。多数保险机构选择第三方提供科技支持，这在一定程度上降低了保险机构对渔业保险平台的运营管控能力。因此需要从数据、市场、技术等多个层面建立规范化标准，推动智慧渔业保险行业稳定起步和发展。

附录　与智慧水产相关的缩略语

缩略语	中文名	英 文 全 称
IoT	物联网	Internet of Things
RFID	射频识别	Radio Frequency Identification
USV	无人水面车辆	Unmanned Surface Vessel
GPS	全球定位系统	Global Positioning System
LAN	局域网	Local Area Network
SBP	浅地层剖面仪	Sub-Bottom Profiler
ADCP	声学多普勒流速剖面仪	Acoustic Doppler Current Profiler
DVL	多普勒测速仪	Doppler Velocity Log
CTD	温盐深仪	Conductivity Temperature Depth
EMC	电磁兼容	Electronic Magnetic Compatibility
RS	拉曼光谱	Raman Spectroscopy
CCD	电荷耦合器件	Charge-Coupled Device
CMOS	互补金属氧化物半导体	Complementary Metal-Oxide-Semiconductor
SERS	表面增强拉曼光谱	Surface Enhanced Raman Spectroscopy
SD	安全数字	Secure Digital
DR	数据降维	Dimension Reduction
PCA	主成分分析	Principal Component Analysis
WT	小波变换	Wavelet Transform
DL	深度学习	Deep Learning
MRA	多元回归分析	Multiple Regression Analysis
PLSR	偏最小二乘回归分析	Partial Least Squares Regression
ESD	静电放电	Electro-Static Discharge
EMD	电磁骚扰	Electronic Magnetic Disturbance
EMI	电磁干扰	Electronic Magnetic Interference
EMS	电磁敏感性	Electronic Magnetic Susceptibility
EUT	受试设备	Equipment Under Test

续表一

缩略语	中文名	英 文 全 称
RS	射频电磁场辐射抗扰度	Radiated Susceptibility
EFT	电快速瞬变脉冲群	Electrical Fast Transient
UL	美国安全试验所	Underwriter Laboratories
CSA	加拿大标准协会	Canadian Standards Association
IEC	国际电工委员会	International Electrotechnical Commission
CE	欧洲合格认证	Conformite Europeenne
PCB	印制电路板	Printed Circuit Board
CSS	线性调频扩频	Chirp Spread Spectrum
DSM	直接序列调制	Direct-Sequence Modulation
WLAN	无线局域网	Wireless Local Area Network
BSS	基本服务单元	Basic Service Set
DS	分配系统	Distribution System
AP	接入点	Access Point
ESS	扩展服务单元	Extended Service Set
4G	第四代移动通信技术	4th Generation of Mobile Communications
OFDM	正交频分复用	Orthogonal Frequency Division Multiplexing
MIMO	多输入多输出	Multiple Input Multiple Output
SDR	软件无线电	Software Defined Radio
5G	第五代移动通信技术	5th Generation of Mobile Communications
PB	拍字节	PetaByte
EB	艾字节	ExaByte
ZB	泽字节	ZettaByte
HTML	超文本标记语言	HyperText Mark-up Language
IaaS	基础设施即服务	Infrastructure as a Service
AWS	亚马逊云服务	Amazon Web Services
PaaS	平台即服务	Platform as a Service
API	应用程序接口	Application Programming Interface
SaaS	软件即服务	Software as a Service
EC	边缘计算	Edge Computing
CPU	中央处理器	Central Processing Unit
CAN	控制器局域网	Controller Area Network
eMBB	增强移动宽带	enhanced Mobile Broadband
mMTC	大规模机器通信	massive Machine Type of Communication

续表二

缩略语	中文名	英 文 全 称
uRLLC	超可靠低时延通信	ultra-Reliable Low-Latency Communications
AI	人工智能	Artificial Intelligence
MV	机器视觉	Machine Vision
ES	专家系统	Expert System
ANN	人工神经网络	Artficial Neural Network
BP	反向传播神经网络	Back Propagation Neural Network
RBF	径向基函数神经网络	Radial Basis Function Neural Network
SOFM	自组织特征映射	Self-Organizing Feature Mapping
MSM	镜像空间模型	Mirrored Space Model
DT	数字孪生	Digital Twin
AII	工业互联网产业联盟	Alliance of Industrial Internet
GIS	地理信息系统	Geographic Information System
SQL	结构化查询语言	Structured Query Language
RS	遥感	Remote Sensing
BDS	北斗卫星导航系统	BeiDou Navigation Satellite System
GNSS	全球导航卫星系统	Global Navigation Satellite System
GEO	地球同步轨道	Geostationary Earth Orbit
IGSO	倾斜地球同步轨道	Inclined Geosynchronous Orbit
MEO	中地球轨道	Medium Earth Orbit
SMS	短报文通信	Short Message Communications
SAR	搜救	Search And Rescue
SBAS	星基增强	Satellite-Based Augmentation System
PPP	精密单点定位	Precise Point Positioning
GBAS	地基增强	Ground Based Augmentation System
PMP	点对多点	Point to Multi-Point
CPE	客户端设备	Customer Premise Equipment
IP	互联网协议	Internet Protocol
AC	访问控制器	Access Controller
BIM	建筑信息模型	Building Information Modeling
FC	模糊控制	Fuzzy Control
FS	模糊集合	Fuzzy Set
TS	时间序列	Time Series
MS	数理统计	Mathematical Statistics

续表三

缩略语	中文名	英 文 全 称
SVM	支持向量机	Support Vector Machine
LDA	线性判别分析	Linear Discriminant Analysis
FT	傅里叶变换	Fourier Transform
ORP	氧化还原电位	Oxidation-Reduction Potential
DO	溶解氧	Dissolved Oxygen
TP	总磷	Total Phosphorus
COD	化学需氧量	Chemical Oxygen Demand
AAO	厌氧-缺氧-好氧	Anaerobic-Anoxic-Oxic
SBR	序列间歇反应器	Sequencing Batch Reactor
MBR	膜生物反应器	Membrane Bio-Reactor
PLC	可编程逻辑控制器	Programmable Logic Controller
RAS	循环水养殖系统	Recirculating Aquaculture Systems
HABs	有害藻华	Harmful Algal Blooms
FL	模糊逻辑	Fuzzy Logic
UWRFC	水下无线电磁波通信	Underwater Wireless RF Communication
UWAC	水下无线声波通信	Underwater Wireless Acoustic Communication
FSK	频移键控	Frequency Shift Keying
PSK	相移键控	Phase Shift Keying
UWOC	水下无线激光通信	Underwater Wireless Optical Communication
UWMIC	水下无线磁感应通信	Underwater Wireless Magnetic Induction Communication
UWSN	水下无线传感网络	Underwater Wireless Sensor Networks
AUV	自主式水下机器人	Autonomous Underwater Vehicle
ROV	遥控式水下机器人	Remotely Operated Vehicle
ARV	混合式水下机器人	Autonomous and Remotely-operated Vehicle
FLA	模糊逻辑算法	Fuzzy Logic Algorithm
ACA	蚁群算法	Ant Colony Algorithm
NNA	神经网络算法	Neural Network Algorithm
PSO	粒子群算法	Particle Swarm Optimization
GA	遗传算法	Genetic Algorithms
AN	声学导航	Acoustic Navigation
VN	视觉导航	Visual Navigation
IN	惯性导航	Inertial Navigation
UAV	无人机	Unmanned Aerial Vehicle

参考文献

[1] 陈艳. 基于物联网技术的水产品冷链供应链集成化体系研究[M]. 北京：化学工业出版社，2020.

[2] 陈明，朱泽闻，鲁泉，等. 水产物联网理论、技术及应用[M]. 北京：科学出版社，2018.

[3] 李灏. 物联网技术在水产养殖中的应用[M]. 北京：海洋出版社，2020.

[4] 李道亮，傅泽田. 集约化水产养殖数字化集成系统[M]. 北京：电子工业出版社，2010.

[5] 刘星桥，赵德安. 水产养殖数字化监测与控制关键技术研究及其应用[M]. 镇江：江苏大学出版社，2014.

[6] 宿墨，顾小丽，张智敏，等. 创建智慧渔业水产养殖模式[J]. 中国水产，2018，514(09)：41-42.

[7] 渔业渔政管理局. 农业部关于加快推进渔业信息化建设的意见：农渔发〔2016〕40 号[A/OL].(2016-12-28)[2022-11-29].http://www.moa.gov.cn/govpublic/YYJ/201612/t20161228_5420011.htm.

[8] 渔业渔政管理局. 关于加快推进水产养殖业绿色发展的若干意见：农渔发〔2019〕1 号[A/OL].(2019-02-15)[2022-11-29].http://www.moa.gov.cn/govpublic/YYJ/201902/t20190215_6171447.htm.

[9] 发展规划司. 数字农业农村发展规划(2019—2025 年)：农规发〔2019〕33 号[A/OL].(2020-01-20)[2022-11-29].http://www.moa.gov.cn/govpublic/FZJHS/202001/t20200120_6336316.htm.

[10] 农业农村部. 农业农村部关于印发《"十四五"全国渔业发展规划》的通知：农渔发〔2021〕28 号[A/OL].(2022-01-06)[2022-11-29].http://www.moa.gov.cn/govpublic/YYJ/202201 /t20220106_6386439.htm.

[11] 国务院. "十四五"推进农业农村现代化规划：国发[2021]25 号[A/OL].(2021-11-12)[2023-03-01]. http://www.moa.gov.cn/govpublic/FZJHS/202202/t20220211_6388493.htm.

[12] 农业农村部. 农业农村部办公厅关于印发《农业现代化示范区数字化建设指南》的通知：农办市[2022]12 号[A/OL].(2022-08-23)[2022-11-29].http://www.moa.gov.cn/ govpublic/SCYJJXXS/202209/t20220905_6408568.htm.

[13] Teledyne Marine.www.teledynemarine.com[DB/OL].[2022-09-23].

[14] 奥谱天成. 拉曼光谱仪[DB/OL]. (2016-11-29)[2023-02-09].https://www.optosky.com/h-pr--0_559_6_-1.html.

[15] 李晨，赵超敏，古淑青，等. 水产品中孔雀石绿和结晶紫残留的拉曼光谱法快速检测[J]. 现代食品科技，2022(003)：038.

[16] 汪先峰. 物联网与环境监管实践[M]. 北京：中国环境科学出版社，2015.

[17] 吴微威，王卫东，卫国. 基于超宽带技术的无线传感器网络[J]. 中兴通讯技术，

2005(04)：28-31.

[18] 冯秀芳，王丽娟，关志艳. 无线传感器网络研究与应用[M]. 北京：国防工业出版社，2014.

[19] 尹武，赵辰，张晋娜. 农业种植养殖传感器产业发展分析[J]. 现代农业科技，2020(2)：253-254.

[20] 李晓辉，刘晋东，李丹涛，等. 从 LTE 到 5G 移动通信系统：技术原理及 LabVIEW 实现[M]. 北京：清华大学出版社，2020.

[21] 中国信息通信研究院，IMT-2020(5G)推进组. 5G 安全报告[R/OL]. (2020-02-04)[2021-6-03].http://www.caict.ac.cn/kxyj/qwfb/bps/202002/t20200204_274118.htm.

[22] 徐硕，鲁峰，方辉，等. 渔业生产大数据助推渔业高质量发展建设研究[J]. 中国农学通报，2022，38(07)：144-152.

[23] 陶皖. 云计算与大数据[M]. 西安：西安电子科技大学出版社，2017.

[24] 边缘计算产业联盟(ECC)，工业互联网产业联盟(AII). 边缘计算参考架构 3.0[R/OL].(2018-11-29)[2021-04-10].http://www.ecconsortium.org/Lists/show/id/334.html.

[25] 楚俊生，张博山，林兆骥. 边缘计算在物联网领域的应用及展望[J]. 信息通信技术，2018(5)：33-41.

[26] 叶惠卿. 基于边缘计算的农业物联网系统的研究[J]. 无线互联科技，2019，16(10)：30-32.

[27] 廉师友. 人工智能技术导论[M]. 3 版. 西安：西安电子科技大学出版社，2007.

[28] 中国卫星导航系统管理办公室. 北斗卫星导航系统[DB/OL].(2021-03-10)[2021-03-11]. http://www.beidou.gov.cn/.

[29] 王冬梅. 遥感技术应用[M]. 武汉：武汉大学出版社，2019.

[30] 郭庆春. 人工神经网络应用研究[M]. 吉林：吉林大学出版社，2015.

[31] 阮秋琦. 数字图像处理学[M]. 北京：电子工业出版社，2004.

[32] 张广军. 机器视觉[M]. 北京：科学出版社，2005.

[33] 李道亮，刘畅. 人工智能在水产养殖中研究应用分析与未来展望[J]. 智慧农业(中英文)，2020，2(3)：1-20.

[34] 孙靖文，白斌. 数字孪生渔场构建方法与应用[J]. 信息技术与标准化，2021(11)：31-33+42.

[35] 杨尚文，周中元，陆凌云. 数字孪生概念与应用[J]. 指挥信息系统与技术，2021，12(05)：38-42.

[36] 陈敏杰，张柯. “建模-链接-度量-优化”的数字孪生体构建范式[C]. 第三十四届中国仿真大会暨第二十一届亚洲仿真会议论文集，2022.

[37] 中国电子技术标准化研究院，树根互联技术有限公司，特斯联科技集团有限公司，等. 数字孪生应用白皮书 2020[R]. (2020-11-11)[2023-03-09].http://www.cesi.cn/202011/7002. html.

[38] 生态环境部，农业农村部. 关于加强海水养殖生态环境监管的意见：环海洋〔2022〕3 号 [A/OL].(2022-01-10)[2022-11-29].https://www.mee.gov.cn/xxgk2018/xxgk/xxgk03/202201/ t20220112_966759.html.

[39] 江苏省生态环境厅，江苏省市场监督管理局. 池塘养殖尾水排放标准：DB32/4042-2021 [S/OL].(2021-06-03)[2022-10-21].http://scjgj.jiangsu.gov.cn/art/2021/6/3/art_78968_9838689.html.

[40] 湖南省生态环境厅. 水产养殖尾水污染物排放标准：DB43/1752-2020[S/OL].(2021-02-27)[2022-10-21].http://www.yuanjiang.gov.cn/19153/20556/20561/content_1544684.html.

[41] 国务院. 国务院关于加快推进农业机械化和农机装备产业转型升级的指导意见：国发〔2018〕42 号[A/OL]. (2018-12-29)[2022-10-27].http://www.gov.cn/ zhengce/content/2018-12/29/content_5353308.htm.

[42] 农业农村部. 农业农村部 中央网络安全和信息化委员会办公室关于印发《数字农业农村发展规划(2019—2025 年)》的通知：农规发〔2019〕33 号[A/OL]. (2020-01-20)[2022-11-01]. http://www.moa.gov.cn/govpublic/FZJHS/202001/t20200120_6336316.htm.

[43] 农业机械化管理司. 农业农村部关于加快水产养殖机械化发展的意见：农机发〔2020〕4 号[A/OL].(2020-11-10) [2022-11-15].http://www.njhs.moa.gov.cn/ tzggjzcjd/202011/t20201110_6356101.htm.

[44] 中研智业研究院. 中国智能水产养殖系统市场现状研究分析与发展前景预测报告 2023—2028 年[R]. 中研智业研究院，2022.

[45] 农业农村部. 农业农村部关于印发《2022 年国家产地水产品兽药残留监控计划》《2022 年国家水生动物疫病监测计划》的通知：农渔发[2022]7 号[A/OL].(2022-03-17)[2023-02-09].http://www.moa.gov.cn/nybgb/2022/202204/202206/t20220607_6401738.htm.

[46] 滕越，邹斌，叶小敏. 基于海洋一号 D 卫星海岸带成像仪的赤潮遥感监测特征[J]. 海洋开发与管理，2022，39(08)：60-66.

[47] 李春强，刘志昕，常明进，等. 赤潮监测技术及其应用[J]. 华南热带农业大学学报，2006(03)：63-68.

[48] 科技教育司. 农业农村部 国家发展改革委关于印发《农业农村减排固碳实施方案》的通知：农科教发[2022]2 号[A/OL].(2022-05-07)[2023-02-07]. http://www.moa.gov.cn/govpublic/KJJYS/202206/t20220630_6403715.htm.

[49] 李雪，刘子飞，赵明军，等. 我国水产养殖与捕捞业“双碳”目标及实现路径[J]. 中国农业科技导报，2022，24(11)：13-26.

[50] 金书秦，陈洁. 我国水产养殖的直接能耗及碳排放研究[J]. 中国渔业经济，2012，30(01)：73-82.

[51] 陈勇，田涛，刘永虎，等. 我国海洋牧场发展现状、问题及对策[J]. 科学养鱼，2022(02)：24-25.

[52] 于喆，吉光，刘修泽. 基于水下物联网技术的智慧海洋牧场建设[J]. 无线互联科技，2022，19(19)：156-160.

[53] 朱凯凯. 水下无线通信技术的研究与展望[J]. 现代传输，2022(06)：51-53.

[54] DJI 大疆创新，https://www.dji.com/cn[DB/OL]. [2023-04-05].

[55] 王文彬. 共享渔业发展模式的探索与思考[J]. 渔业致富指南，2019(20)：19-21.

[56] 全国水产技术推广总站. 中国休闲渔业发展监测报告(2022)[J]. 中国水产，2022(12)：35-40.

[57] 唐金成，李笑晨. 保险科技驱动我国智慧农险体系构建研究[J]. 西南金融，2020(07)：86-96.